Inteligencia Artificial: Pasado, Presente y Futuro

DANIEL MARTIN MATURRAL

DEDICATORIA

Este libro está dedicado a mi familia, quienes siempre han sido mi apoyo y fuente de inspiración en todo lo que hago. Agradezco a mis padres por inculcarme el amor por el conocimiento y por darme la oportunidad de perseguir mis sueños.

También quiero dedicar este libro a mis amigos, cuyo apoyo y amistad son invaluables para mí. Agradezco su paciencia, sus ánimos y sus consejos durante el proceso de creación de este libro.

Además, dedico este libro a todos aquellos que están interesados en la inteligencia artificial y en cómo esta tecnología está transformando el mundo. Espero que este libro les brinde una mejor comprensión de la IA, su presente y su futuro, y les inspire a seguir explorando las posibilidades que ofrece.

CONTENIDO

AGRADECIMIENTOS

Me gustaría expresar mi sincero agradecimiento a todos aquellos que contribuyeron a la realización de este libro.

En primer lugar, quiero agradecer a mi familia por su apoyo incondicional a lo largo de todo el proceso de creación de este libro. Sus palabras de aliento y su paciencia fueron fundamentales para mantener mi motivación en momentos difíciles.

También quiero agradecer a mis colegas y amigos en el campo de la inteligencia artificial, cuyas discusiones y comentarios me inspiraron y me ayudaron a profundizar en varios temas.

Asimismo, debo agradecer a los expertos en inteligencia artificial que aceptaron ser entrevistados para este libro. Sus conocimientos y experiencias compartidas fueron esenciales para ofrecer una visión amplia y actualizada del campo de la IA.

También agradezco a los editores y revisores del libro, cuyas sugerencias y comentarios ayudaron a mejorar la calidad y claridad de los contenidos.

Finalmente, quiero expresar mi gratitud a los lectores de este libro. Espero que les resulte útil y les brinde una mejor comprensión de la inteligencia artificial, su presente y su futuro.

CAPÍTULO 1: INTRODUCCIÓN A LA INTELIGENCIA ARTIFICIAL

La Inteligencia Artificial (IA) es una rama de la tecnología que se dedica a desarrollar sistemas que sean capaces de realizar tareas que, hasta ahora, solo podían ser llevadas a cabo por seres humanos. Esto incluye tareas como el reconocimiento de voz y de imagen, la toma de decisiones, la resolución de problemas y la creación de modelos predictivos, entre otras.

La IA ha avanzado de manera espectacular en las últimas décadas gracias a los avances en tecnología, la creciente disponibilidad de datos y el desarrollo de algoritmos de aprendizaje automático. Esto ha permitido que las aplicaciones de la IA se hayan expandido a prácticamente todos los sectores, desde la salud hasta la banca y la industria automotriz.

Uno de los principales impulsores de la IA es el aprendizaje automático, que es un conjunto de algoritmos y técnicas que permiten a los sistemas aprender de los datos y mejorar su rendimiento con el tiempo. El aprendizaje automático se divide en dos categorías principales: el aprendizaje supervisado y el no supervisado. En el aprendizaje supervisado, el sistema recibe un conjunto de datos de entrenamiento que incluyen ejemplos etiquetados de lo que se espera que el sistema aprenda a hacer. En el aprendizaje no supervisado, el sistema se encarga de encontrar patrones o estructuras en los datos sin recibir indicaciones específicas sobre lo que se espera que aprenda.

Otra técnica importante de la IA es el procesamiento del lenguaje natural (NLP, por sus siglas en inglés), que se dedica a la comprensión y producción del lenguaje humano. El NLP es fundamental para el desarrollo de chatbots, asistentes virtuales y sistemas de traducción automática, entre otros.

A medida que la IA ha avanzado, también se han planteado preocupaciones éticas y sociales sobre su desarrollo y uso. Entre las preocupaciones comunes están la privacidad de los datos, el sesgo algorítmico y el impacto de la automatización en el empleo. Por lo tanto, la ética y la responsabilidad social son fundamentales para el desarrollo y uso de la IA de manera responsable y sostenible.

El futuro de la IA es emocionante y lleno de posibilidades. A medida que la tecnología avanza, la IA se está volviendo cada vez más sofisticada y capaz. En los próximos años, es probable que la IA tenga un impacto aún mayor en el mundo de los negocios, la ciencia, la medicina y la sociedad en general.

En el mundo empresarial, la IA se está utilizando cada vez más para automatizar tareas repetitivas y mejorar la eficiencia. Las empresas están invirtiendo en sistemas de IA para mejorar la productividad y reducir los costos operativos. También se espera que la IA ayude a crear nuevos modelos de negocio y oportunidades para las empresas.

En la ciencia, la IA se está utilizando para procesar grandes cantidades de datos y acelerar la investigación. Los científicos están utilizando la IA para descubrir nuevos fármacos, diseñar materiales avanzados y simular sistemas complejos. La IA también está impulsando la investigación en áreas como la astronomía, la biología y la física.

En la medicina, la IA está ayudando a los profesionales de la salud a diagnosticar enfermedades y desarrollar nuevos tratamientos. Los sistemas de IA pueden analizar grandes cantidades de datos de pacientes y ayudar a los médicos a tomar decisiones más informadas. La IA también está siendo utilizada para mejorar la precisión de los diagnósticos y reducir los errores médicos.

En la sociedad en general, la IA está transformando la forma en que interactuamos con la tecnología. Los asistentes virtuales como Siri y Alexa están cada vez más presentes en nuestras vidas, y la IA está siendo utilizada para desarrollar nuevas interfaces de usuario más intuitivas y personalizadas.

A medida que la IA se vuelve más común, también es importante abordar los desafíos que surgen. Es necesario establecer regulaciones claras para garantizar que la IA se utilice de manera responsable y ética. Además, es importante asegurarse de que la IA sea accesible para todos y no contribuya a aumentar la brecha digital.

En conclusión, la IA tiene el potencial de transformar el mundo de manera significativa en los próximos años. A medida que avanza la tecnología, es importante considerar tanto los beneficios como los desafíos de su desarrollo y uso. Con una planificación adecuada, la IA puede ser una fuerza positiva para el cambio en todo el mundo.

Aunque la Inteligencia Artificial (IA) tiene el potencial de mejorar significativamente la sociedad, también presenta ciertos desafíos y riesgos que deben abordarse. Uno de los mayores desafíos es el sesgo en los algoritmos de IA, que puede reflejar y amplificar los prejuicios humanos. Por ejemplo, si un algoritmo de selección de empleados está entrenado con datos que contienen sesgos de género o raza, es probable que seleccione a los candidatos de manera discriminatoria.

Otro riesgo es la falta de transparencia y explicabilidad en los sistemas de IA, lo que dificulta la comprensión de cómo se toman las decisiones y cómo se llega a ciertas conclusiones. Esto puede resultar problemático en áreas como la medicina, donde se espera que los sistemas de IA tomen decisiones críticas que afectan la vida de las personas.

Además, la IA plantea preocupaciones éticas en torno a la privacidad y la seguridad de los datos. A medida que se recopilan y se utilizan cada vez más datos personales, es importante asegurarse de que se respeten los derechos de privacidad de las personas y de que los datos estén protegidos de los hackers y otras amenazas.

Finalmente, existe el riesgo de que la IA reemplace a los trabajadores humanos en algunos trabajos, lo que puede provocar una disminución en la demanda de ciertos trabajos y un aumento en la brecha entre ricos y pobres.

Es importante abordar estos desafíos y riesgos de manera proactiva para garantizar que la IA se utilice de manera responsable y ética. Esto puede incluir la implementación de regulaciones claras y políticas de privacidad, la promoción de la transparencia y explicabilidad en los sistemas de IA, y la inversión en programas de capacitación y reconversión para los trabajadores cuyos empleos pueden verse afectados por la automatización.

En resumen, aunque la IA tiene el potencial de transformar la sociedad, es importante abordar los desafíos y riesgos asociados con su desarrollo y uso. Con una atención cuidadosa y una planificación adecuada, la IA puede ser una fuerza positiva para el cambio en todo el mundo.

CAPÍTULO 2: HISTORIA DE LA INTELIGENCIA ARTIFICIAL

La historia de la Inteligencia Artificial (IA) se remonta a más de 60 años. Aunque los orígenes de la IA se pueden rastrear hasta la antigua Grecia, donde los filósofos Platón y Aristóteles exploraron la idea de la automatización de tareas intelectuales, la IA moderna se desarrolló a partir de los avances en la computación y la teoría de la información a mediados del siglo XX.

En 1956, el término "Inteligencia Artificial" fue acuñado en la Conferencia de Dartmouth, que reunió a algunos de los mayores expertos en ciencias de la computación y matemáticas para discutir la posibilidad de crear máquinas inteligentes. Durante las décadas siguientes, los científicos de la computación desarrollaron teorías y algoritmos para imitar la inteligencia humana.

A finales de la década de 1960, la NASA comenzó a utilizar sistemas de IA para ayudar en la programación de misiones espaciales. En la década de 1970, los sistemas de IA se aplicaron a una variedad de problemas, como la comprensión del lenguaje natural y la visión por computadora. En la década de 1980, los sistemas de IA comenzaron a utilizarse en aplicaciones comerciales, como el análisis de datos y la detección de fraudes.

En la década de 1990, la IA se benefició de la popularización de la World Wide Web y la creciente capacidad de procesamiento de las computadoras. En esta época, los sistemas de IA se utilizaron para mejorar la búsqueda en la web, la detección de spam y la personalización de la publicidad en línea. También se desarrollaron sistemas de IA para juegos, como ajedrez y go, y la IA comenzó a ser utilizada en el diseño de robots y sistemas autónomos.

En las últimas dos décadas, los avances en la IA se han acelerado debido a la disponibilidad de grandes cantidades de datos y la capacidad de procesamiento cada vez más potente de las computadoras. La IA ahora se utiliza en una amplia variedad de aplicaciones, desde la conducción autónoma hasta la asistencia sanitaria y la seguridad informática.

Desde sus humildes comienzos como un campo de investigación interdisciplinario en la década de 1950, la inteligencia artificial (IA) ha recorrido un largo camino. Hoy en día, la IA es una tecnología omnipresente que está transformando la forma en que trabajamos, nos comunicamos y vivimos nuestras vidas.

Uno de los mayores avances en la IA en las últimas décadas ha sido el aprendizaje automático (machine learning), que permite a las computadoras aprender de los datos y mejorar su desempeño con el tiempo sin necesidad de ser programadas explícitamente. Esto ha permitido a la IA realizar tareas cada vez más complejas, desde la traducción automática de idiomas hasta la detección de objetos en imágenes.

Otro avance clave ha sido el procesamiento del lenguaje natural (NLP), que permite a las computadoras comprender y producir lenguaje humano. Esto ha dado lugar a avances significativos en la traducción automática, la asistencia virtual y la generación de texto naturalista.

La IA también se está utilizando cada vez más en el ámbito de la salud, desde el análisis de imágenes médicas hasta la identificación de patrones en grandes conjuntos de datos de pacientes. Esto ha llevado a avances en el diagnóstico y tratamiento de enfermedades, y se espera que tenga un impacto aún mayor en el futuro.

Sin embargo, la IA también presenta desafíos significativos, especialmente en términos de privacidad, seguridad y ética. La IA puede ser utilizada para crear perfiles de usuarios y para tomar decisiones que afectan a la vida de las personas, lo que plantea preguntas importantes sobre la transparencia y la responsabilidad. Además, la IA puede ser explotada por actores malintencionados para llevar a cabo ataques cibernéticos y otras formas de delito informático.

A medida que la IA sigue avanzando, es importante considerar no solo sus beneficios potenciales, sino también sus riesgos y desafíos. Los expertos en IA deben trabajar en estrecha colaboración con los líderes de la industria, los reguladores y la sociedad en general para garantizar que la IA se utilice de manera responsable y ética, y para abordar los desafíos que surjan en el camino.

Otro aspecto importante a considerar en el desarrollo de la inteligencia artificial es la necesidad de equidad y diversidad en la creación y uso de estas tecnologías. La IA puede ser programada con sesgos y prejuicios inconscientes, lo que puede llevar a resultados injustos o discriminación. Es esencial que los desarrolladores de IA trabajen para garantizar que sus algoritmos sean justos e imparciales, y para abordar cualquier sesgo existente en los datos utilizados para entrenar la IA.

Además, la IA también tiene un gran potencial para mejorar la sostenibilidad y proteger el medio ambiente. Por ejemplo, la IA se está utilizando en la gestión de recursos hídricos, la prevención de incendios forestales y la optimización de la energía renovable.

En el futuro, se espera que la IA continúe transformando la forma en que vivimos, trabajamos y nos relacionamos con el mundo que nos rodea. Se espera que la IA se integre cada vez más en nuestras vidas cotidianas, desde los hogares inteligentes hasta los coches autónomos. Además, se espera que la IA continúe desempeñando un papel importante en la ciencia, la medicina, la energía y otros campos.

Sin embargo, también es importante reconocer los riesgos asociados con el rápido avance de la IA, especialmente en términos de empleo y desigualdad. A medida que la IA reemplaza a los trabajadores en ciertas industrias, es esencial que se tomen medidas para garantizar que las personas afectadas tengan acceso a la formación y el apoyo necesarios para adaptarse a la economía cambiante.

En resumen, la IA es una tecnología emocionante y en constante evolución que tiene el potencial de transformar nuestras vidas de maneras positivas. Sin embargo, también presenta desafíos y riesgos importantes que deben abordarse para garantizar que la IA se utilice de manera responsable y ética. Los expertos en IA deben trabajar en estrecha colaboración con otros líderes en la industria y la sociedad en general para abordar estos desafíos y asegurar que la IA se utilice para mejorar el bienestar humano y el medio ambiente.

CAPÍTULO 3: TIPOS DE INTELIGENCIA ARTIFICIAL

Existen varios tipos de inteligencia artificial, cada uno con sus propias características y capacidades únicas. A continuación, describiré algunos de los tipos más comunes de IA:

1. IA débil o estrecha: este tipo de IA se centra en una tarea o conjunto de tareas específicas. Por ejemplo, un sistema de IA que puede jugar al ajedrez o clasificar imágenes. Estos sistemas no tienen la capacidad de aprender y adaptarse a nuevas situaciones fuera de su ámbito de aplicación.
2. IA fuerte o general: a diferencia de la IA débil, la IA fuerte tiene la capacidad de aprender y adaptarse a nuevas situaciones y tareas. Es capaz de realizar tareas de manera similar a un ser humano, y se espera que pueda superar la inteligencia humana en algún momento en el futuro.
3. Aprendizaje automático: el aprendizaje automático es un enfoque de la IA que permite que un sistema aprenda de forma autónoma a partir de datos, sin necesidad de programación explícita. Los algoritmos de aprendizaje automático pueden clasificar, analizar y reconocer patrones en grandes conjuntos de datos.
4. Redes neuronales: las redes neuronales son una técnica de aprendizaje automático inspirada en el cerebro humano. Están diseñadas para procesar información de manera similar a como lo hacen las redes neuronales biológicas.

5. IA basada en reglas: la IA basada en reglas utiliza un conjunto de reglas predefinidas para tomar decisiones y realizar tareas. Es adecuada para tareas que tienen una solución bien definida y no cambian con el tiempo.

6. Sistemas expertos: los sistemas expertos son sistemas de IA diseñados para imitar el conocimiento y la experiencia de un experto humano en un campo específico. Estos sistemas se basan en reglas y heurísticas para tomar decisiones y resolver problemas.

7. Aprendizaje profundo: el aprendizaje profundo es una técnica de aprendizaje automático que utiliza redes neuronales profundas para analizar grandes conjuntos de datos y reconocer patrones. Se utiliza en aplicaciones como reconocimiento de voz y reconocimiento de imagen.

8. Robótica: la robótica es una rama de la IA que se enfoca en la creación de robots inteligentes capaces de realizar tareas complejas. Los robots pueden ser programados para realizar tareas específicas o utilizar técnicas de aprendizaje automático para adaptarse y aprender de su entorno.

9. Procesamiento del lenguaje natural (PLN): el PLN es una técnica de IA que se enfoca en la comprensión y generación del lenguaje humano. Los sistemas de PLN se utilizan en aplicaciones como chatbots, asistentes virtuales y traducción automática.

10. Visión por computadora: la visión por computadora es una técnica de IA que se enfoca en la interpretación y análisis de imágenes y videos. Los sistemas de visión por computadora se utilizan en aplicaciones como detección de objetos, reconocimiento facial y vehículos autónomos.

Es importante destacar que muchos sistemas de IA utilizan múltiples técnicas combinadas para lograr una tarea. Por ejemplo, un sistema de reconocimiento de voz puede utilizar técnicas de PLN y redes neuronales para comprender y transcribir el habla.

Además, la IA se divide en dos categorías principales: supervisada y no supervisada. En el aprendizaje supervisado, el sistema de IA se entrena con un conjunto de datos etiquetados que se utilizan para enseñar al sistema cómo tomar decisiones. En el aprendizaje no supervisado, el sistema de IA se entrena con datos no etiquetados y se espera que aprenda por sí mismo a partir de estos datos.

En conclusión, la inteligencia artificial es una área diversa y en constante evolución. La comprensión de los diferentes tipos de IA y técnicas de aprendizaje es esencial para desarrollar sistemas de IA efectivos y avanzar en la investigación y el desarrollo en esta emocionante área. La combinación de diferentes técnicas de IA y enfoques de aprendizaje es clave para lograr sistemas de IA avanzados y eficientes en una amplia variedad de aplicaciones.

11. Aprendizaje por refuerzo: el aprendizaje por refuerzo es una técnica de IA que se enfoca en el entrenamiento de un sistema para que tome decisiones basadas en la retroalimentación de su entorno. El sistema de IA recibe una recompensa o castigo por sus acciones y, a lo largo del tiempo, aprende a tomar decisiones que maximizan la recompensa.

12. Redes neuronales: las redes neuronales son una técnica de IA inspirada en la estructura y funcionamiento del cerebro humano. Están compuestas por capas de neuronas interconectadas y se utilizan en una amplia variedad de aplicaciones, desde el reconocimiento de imágenes hasta la predicción del tiempo.

13. Lógica difusa: la lógica difusa es una técnica de IA que permite manejar la incertidumbre y la imprecisión en los datos. A diferencia de la lógica booleana, que se enfoca en valores binarios (verdadero o falso), la lógica difusa utiliza valores numéricos que representan el grado de pertenencia a un conjunto.

14. Sistemas expertos: los sistemas expertos son programas de computadora que se utilizan para resolver problemas específicos en un dominio de conocimiento. Están basados en el conocimiento y la experiencia de un experto humano y utilizan reglas y heurísticas para tomar decisiones.

15. Minería de datos: la minería de datos es una técnica de IA que se utiliza para descubrir patrones y relaciones en grandes

conjuntos de datos. Utiliza técnicas de aprendizaje automático y estadísticas para analizar los datos y descubrir información valiosa.

Es importante destacar que la lista de técnicas de IA no es exhaustiva y que la investigación en esta área está en constante evolución. A medida que se desarrollan nuevas técnicas y se mejoran las existentes, la IA se vuelve cada vez más poderosa y versátil.

Además, la IA presenta una serie de desafíos y preocupaciones. La ética y la privacidad son dos áreas importantes que deben ser consideradas en el desarrollo y uso de sistemas de IA. También es importante tener en cuenta el impacto potencial de la IA en el empleo y la economía.

CAPÍTULO 4: APRENDIZAJE AUTOMÁTICO

El aprendizaje automático (también conocido como machine learning en inglés) es un subcampo de la inteligencia artificial que se enfoca en desarrollar algoritmos y técnicas que permitan a las máquinas aprender por sí solas a partir de datos, sin necesidad de ser programadas explícitamente para realizar una tarea específica.

El aprendizaje automático se basa en el concepto de modelos estadísticos, que son algoritmos que toman como entrada un conjunto de datos y producen como salida un modelo matemático que representa el comportamiento de los datos. Este modelo se puede utilizar para hacer predicciones sobre nuevos datos que no se han visto antes.

Existen tres tipos principales de aprendizaje automático: supervisado, no supervisado y por refuerzo.

El aprendizaje supervisado se utiliza cuando se tiene un conjunto de datos etiquetados, es decir, cuando se sabe de antemano cuál es la respuesta correcta para cada ejemplo. El objetivo del aprendizaje supervisado es construir un modelo que pueda predecir la respuesta correcta para nuevos ejemplos que no se han visto antes.

El aprendizaje no supervisado se utiliza cuando no se tienen etiquetas para los datos. En este caso, el objetivo es encontrar patrones y estructuras en los datos sin saber de antemano cuál es la respuesta correcta. El aprendizaje no supervisado se utiliza con frecuencia en tareas como la segmentación de clientes, la detección de anomalías y la reducción de la dimensionalidad.

El aprendizaje por refuerzo se utiliza en situaciones en las que un agente interactúa con un entorno y recibe una recompensa o castigo en función de sus acciones. El objetivo del aprendizaje por refuerzo es aprender una política que maximice la recompensa acumulada a lo largo del tiempo.

En la actualidad, el aprendizaje automático se utiliza en una gran variedad de aplicaciones, como el reconocimiento de voz, la detección de spam, la predicción del comportamiento del consumidor, la detección de fraude y la robótica, entre otros. Además, el aprendizaje automático es una de las áreas más activas y de rápido crecimiento en la inteligencia artificial, con nuevas técnicas y algoritmos que se están desarrollando continuamente.

El aprendizaje automático ha tenido un impacto significativo en la forma en que las empresas y las organizaciones abordan problemas complejos. La capacidad de las máquinas para aprender y mejorar con el tiempo sin intervención humana ha llevado a mejoras significativas en una variedad de campos, desde la atención médica hasta la industria manufacturera.

Una de las aplicaciones más destacadas del aprendizaje automático es el reconocimiento de patrones. El aprendizaje supervisado se utiliza a menudo para construir modelos de clasificación que pueden identificar objetos y patrones en imágenes, como reconocer rostros en una foto o detectar objetos en un video. El aprendizaje por refuerzo también se utiliza en robótica para entrenar robots para realizar tareas complejas, como caminar o manipular objetos.

Otro campo en el que el aprendizaje automático ha tenido un impacto significativo es el procesamiento del lenguaje natural. Los algoritmos de aprendizaje automático se utilizan para traducir idiomas, analizar sentimientos en las redes sociales y generar texto de manera automática.

El aprendizaje automático también se ha convertido en una herramienta valiosa en la detección y prevención de fraude. Los algoritmos de detección de anomalías pueden analizar grandes conjuntos de datos y detectar patrones inusuales que podrían indicar un posible fraude.

Sin embargo, el aprendizaje automático también presenta algunos desafíos y preocupaciones importantes. Uno de los mayores problemas es la interpretabilidad de los modelos. A menudo, los modelos de aprendizaje automático pueden ser extremadamente complejos, lo que dificulta la comprensión de cómo se tomó una decisión en particular. Además, existe el riesgo de que los modelos aprendan sesgos y prejuicios del conjunto de datos en el que se entrenan, lo que podría conducir a decisiones injustas o discriminatorias.

A pesar de estos desafíos, el aprendizaje automático sigue siendo una herramienta valiosa para mejorar la eficiencia y la precisión en una amplia variedad de aplicaciones. A medida que se continúa investigando y desarrollando nuevas técnicas y algoritmos, el potencial de la inteligencia artificial y el aprendizaje automático seguirá aumentando en los próximos años.

Otro tipo de algoritmo de aprendizaje automático es el aprendizaje no supervisado, donde el algoritmo no recibe una respuesta correcta para cada entrada, sino que debe encontrar patrones o relaciones en los datos por sí mismo. Este tipo de aprendizaje se utiliza a menudo en la agrupación de datos, donde el objetivo es encontrar grupos naturales dentro de un conjunto de datos.

Por último, el aprendizaje por refuerzo es un tipo de aprendizaje automático en el que el algoritmo aprende a través de ensayo y error, recibiendo retroalimentación en forma de recompensas o castigos por cada acción realizada. Este tipo de aprendizaje se utiliza a menudo en robótica y juegos, donde el algoritmo debe aprender a tomar decisiones en función de su entorno y maximizar su recompensa.

El aprendizaje automático ha tenido un gran impacto en una variedad de campos, desde la detección de fraudes en tarjetas de crédito hasta la recomendación de películas en servicios de streaming. A medida que aumenta la cantidad de datos disponibles y la capacidad de procesamiento de las computadoras, se espera que el aprendizaje automático tenga un papel aún más importante en la toma de decisiones y la automatización de tareas en diversas áreas.

Sin embargo, también es importante tener en cuenta los desafíos y limitaciones del aprendizaje automático. Uno de los mayores desafíos es la interpretación de los resultados, ya que los algoritmos de aprendizaje automático a menudo son cajas negras, lo que significa que no se entiende completamente cómo funcionan o por qué toman ciertas decisiones. También existe el riesgo de sesgos y discriminación en los datos utilizados para entrenar los algoritmos, lo que puede tener consecuencias negativas en la aplicación de los resultados en situaciones reales.

CAPÍTULO 5: REDES NEURONALES

Las redes neuronales son un tipo de algoritmo de aprendizaje automático que se inspira en el funcionamiento del cerebro humano. Estas redes están compuestas por múltiples capas de nodos interconectados, cada uno de los cuales procesa información y transmite señales a través de las conexiones a otros nodos de la red. Esta estructura en capas permite a las redes neuronales aprender a través de la identificación de patrones en los datos de entrada y la retroalimentación en cada capa.

La capacidad de las redes neuronales para procesar grandes cantidades de datos y encontrar patrones complejos las hace muy útiles en una amplia gama de aplicaciones de inteligencia artificial, desde el reconocimiento de imágenes y voz hasta el procesamiento del lenguaje natural y la toma de decisiones.

Las redes neuronales se entrenan mediante el ajuste de los pesos de las conexiones entre los nodos de la red para minimizar una función de pérdida que mide la diferencia entre las predicciones de la red y los datos de entrenamiento. Este proceso se realiza mediante el uso de algoritmos de optimización como el descenso del gradiente.

Existen varios tipos de redes neuronales, cada una diseñada para diferentes tareas y aplicaciones. Algunos ejemplos incluyen las redes neuronales convolucionales, que se utilizan para el procesamiento de imágenes y video, y las redes neuronales recurrentes, que se utilizan para el procesamiento del lenguaje natural y la generación de secuencias.

A pesar de que las redes neuronales tienen un gran potencial, también presentan desafíos importantes en cuanto a la interpretación de sus resultados y la explicabilidad de su funcionamiento interno. Los investigadores están trabajando en el desarrollo de nuevas técnicas para abordar estos desafíos y mejorar la transparencia y la confianza en los sistemas de inteligencia artificial basados en redes neuronales.

Continuando con el tema de las redes neuronales, es importante destacar que, a medida que la investigación ha avanzado en este campo, se han desarrollado diferentes tipos de redes neuronales para adaptarse a diversas aplicaciones y necesidades.

Una de las redes neuronales más utilizadas es la red neuronal convolucional (CNN, por sus siglas en inglés), la cual se utiliza principalmente en el procesamiento de imágenes y videos. La arquitectura de una CNN se compone de capas convolucionales, de agrupamiento y completamente conectadas, y su diseño se basa en la estructura del córtex visual del cerebro humano.

Otro tipo de red neuronal es la red neuronal recurrente (RNN, por sus siglas en inglés), la cual se utiliza en tareas que involucran secuencias de datos, como el procesamiento del lenguaje natural. Las RNN se diseñan para tomar decisiones basadas en la secuencia de entradas anteriores y, por lo tanto, son capaces de capturar la información contextual.

También existen las redes neuronales de retroalimentación, conocidas como redes neuronales Hopfield, que se utilizan en aplicaciones de memoria asociativa y reconocimiento de patrones. Estas redes están diseñadas para tener una configuración estable y pueden recuperar patrones almacenados incluso cuando se presenta una versión parcialmente corrupta del patrón original.

Por último, las redes neuronales auto-organizativas, como la red neuronal de Kohonen, se utilizan para la agrupación y la visualización de datos complejos. Estas redes aprenden de manera no supervisada y son capaces de agrupar datos similares en el mismo grupo, lo que facilita la identificación de patrones y tendencias.

Las redes neuronales son una de las áreas más activas y emocionantes de la inteligencia artificial en la actualidad. Estas redes están inspiradas en la estructura y el funcionamiento del cerebro humano y se han utilizado para una amplia variedad de aplicaciones, desde el reconocimiento de voz y de imagen hasta la predicción de comportamientos financieros.

Las redes neuronales son un tipo de aprendizaje automático que se basa en la idea de que un conjunto de entradas se puede procesar a través de una serie de capas de neuronas artificiales interconectadas. Cada neurona recibe información de otras neuronas, la procesa y envía su salida a otras neuronas en la capa siguiente. La salida de la última capa de neuronas se utiliza como la salida de la red.

La formación de una red neuronal implica ajustar los pesos de las conexiones entre las neuronas de tal manera que la salida de la red coincida con las salidas deseadas para un conjunto de entradas de entrenamiento. Esto se hace típicamente mediante la minimización de una función de costo que mide la diferencia entre las salidas de la red y las salidas deseadas.

Una de las principales ventajas de las redes neuronales es su capacidad para aprender patrones complejos y sutiles en grandes conjuntos de datos. También son altamente adaptables y pueden ajustarse para adaptarse a diferentes tipos de problemas y datos.

En los últimos años, se han desarrollado redes neuronales cada vez más grandes y complejas, como las redes neuronales profundas o "deep learning". Estas redes pueden tener cientos o miles de capas y han sido utilizadas para lograr avances significativos en áreas como el procesamiento de imágenes y el procesamiento de lenguaje natural.

A medida que la tecnología continúa avanzando y los datos se vuelven cada vez más abundantes, se espera que las redes neuronales y el aprendizaje profundo sigan desempeñando un papel importante en el campo de la inteligencia artificial.

CAPÍTULO 6: PROCESAMIENTO DEL LENGUAJE NATURAL

El procesamiento del lenguaje natural (PLN) es una rama de la inteligencia artificial que se enfoca en enseñar a las computadoras a entender y manipular el lenguaje humano. Esto es crucial para muchos campos, incluyendo la traducción automática, los chatbots, los asistentes virtuales y la minería de opiniones.

El PLN se basa en algoritmos complejos que analizan el lenguaje natural y extraen información significativa. Esto incluye el reconocimiento del habla, la comprensión del lenguaje y la generación de lenguaje natural. Para lograr esto, se utilizan técnicas como la extracción de características, el etiquetado de partes del discurso, la eliminación de palabras irrelevantes y la identificación de entidades nombradas.

En el PLN, uno de los mayores desafíos es la ambigüedad del lenguaje natural. Las palabras pueden tener múltiples significados y la misma frase puede ser interpretada de diferentes maneras según el contexto. Para superar esto, se utilizan modelos de lenguaje estadísticos y redes neuronales, que permiten a las computadoras aprender a interpretar el lenguaje humano de manera más precisa.

Un ejemplo de aplicación del PLN es el análisis de sentimientos. Las empresas pueden utilizar esta técnica para comprender cómo se sienten sus clientes acerca de un producto o servicio específico, analizando las opiniones y reseñas en línea. También se utiliza en la creación de chatbots y asistentes virtuales, que pueden responder a preguntas complejas y mantener conversaciones naturales con los usuarios.

En el pasado, el PLN se centraba principalmente en la traducción automática y en la extracción de información de textos, pero en la actualidad ha avanzado en áreas como el reconocimiento de voz, la generación de texto y la respuesta a preguntas.

Un ejemplo de esto es la tecnología de chatbots, que utilizan algoritmos de PLN para comunicarse con los usuarios en un lenguaje natural. Estos sistemas han demostrado ser útiles en una amplia gama de aplicaciones, desde el servicio al cliente hasta la atención médica y la educación.

Otra área en la que el PLN ha avanzado es en la generación de texto. Los sistemas de generación de texto pueden producir contenido escrito que parece haber sido escrito por un humano, lo que puede ser útil en tareas como la generación de informes automáticos, la escritura de noticias y la creación de contenido para redes sociales.

Además, el PLN se ha utilizado en la respuesta a preguntas, lo que ha llevado al desarrollo de asistentes virtuales que pueden ayudar a los usuarios a encontrar información en línea y a realizar tareas simples. Estos asistentes virtuales pueden ser una herramienta valiosa para las empresas que desean mejorar la experiencia del usuario y reducir el tiempo de respuesta a las preguntas de los clientes.

Además, el PLN se utiliza en la creación de chatbots y asistentes virtuales para interactuar con los usuarios de manera natural y automatizada. Esto ha sido especialmente útil en aplicaciones comerciales, como atención al cliente y ventas. Algunos ejemplos de asistentes virtuales populares incluyen Siri de Apple, Alexa de Amazon y Google Assistant.

El PLN también tiene aplicaciones en la industria de la traducción, donde se utilizan algoritmos de traducción automática para traducir documentos de un idioma a otro. Aunque todavía existen desafíos en la precisión de la traducción automática, esta tecnología ha avanzado significativamente en los últimos años y ha mejorado la eficiencia en la traducción de documentos a gran escala.

En resumen, el procesamiento del lenguaje natural es una tecnología fundamental en la inteligencia artificial que permite a las máquinas entender, interpretar y generar lenguaje humano. Su aplicación en una variedad de campos ha mejorado significativamente la eficiencia y la precisión en tareas que antes requerían una gran cantidad de tiempo y recursos.

CAPÍTULO 7: VISIÓN POR COMPUTADORA

La visión por computadora es una rama de la inteligencia artificial que se centra en el procesamiento y análisis de imágenes y videos para obtener información útil. Esta tecnología ha experimentado un rápido avance en las últimas décadas gracias al desarrollo de algoritmos de aprendizaje profundo y a la capacidad de procesamiento de las computadoras modernas.

Uno de los usos más comunes de la visión por computadora es el reconocimiento de objetos, que consiste en identificar y clasificar objetos en una imagen o video. Este proceso se basa en la extracción de características de las imágenes, que son patrones únicos que representan las diferentes clases de objetos. Estas características se utilizan para entrenar algoritmos de aprendizaje automático, que pueden clasificar objetos en una imagen o video con una precisión cada vez mayor.

Otro uso importante de la visión por computadora es la detección de anomalías o cambios en imágenes o videos. Por ejemplo, esta tecnología se utiliza en la seguridad de los aeropuertos para detectar objetos peligrosos o sospechosos en las imágenes de los escáneres. También se puede utilizar para detectar cambios en el comportamiento de las personas, como en el seguimiento de pacientes en hospitales o en la vigilancia en tiempo real de eventos masivos.

Además, la visión por computadora también se utiliza en la robótica para permitir que los robots vean y comprendan su entorno. Los robots equipados con cámaras y algoritmos de visión por computadora pueden reconocer objetos, evitar obstáculos y realizar tareas complejas en entornos dinámicos.

La visión por computadora es una rama de la inteligencia artificial que se enfoca en la capacidad de las máquinas para interpretar y entender imágenes y videos del mundo real. Esta tecnología permite a las máquinas analizar y entender el contenido visual de una imagen o video, permitiéndoles identificar objetos, reconocer caras y patrones, y detectar movimientos.

Una de las técnicas más utilizadas en la visión por computadora es el aprendizaje profundo, especialmente las redes neuronales convolucionales (CNN). Estas redes pueden ser entrenadas para reconocer patrones y características en imágenes, lo que les permite clasificar y etiquetar las imágenes de manera efectiva.

La visión por computadora se utiliza en una variedad de campos, incluyendo la seguridad, la medicina, el entretenimiento y la automatización industrial. En la seguridad, se utiliza para detectar comportamientos sospechosos en las cámaras de seguridad, mientras que en la medicina se utiliza para ayudar a los médicos en el diagnóstico y tratamiento de enfermedades.

En el campo del entretenimiento, la visión por computadora se utiliza para crear efectos especiales en películas y juegos de video, y también se utiliza en la industria de la moda para identificar tendencias y estilos de moda. En la automatización industrial, se utiliza para controlar el proceso de producción y mejorar la calidad del producto.

La visión por computadora sigue siendo una tecnología en evolución, y se espera que se desarrolle aún más en el futuro. Una de las áreas más interesantes es el uso de la realidad aumentada y virtual, donde la tecnología puede integrarse con el mundo físico para crear nuevas formas de interacción y experiencias visuales.

Otro enfoque interesante en el campo de la visión por computadora es el reconocimiento de objetos y la detección de objetos. El reconocimiento de objetos implica clasificar una imagen en una categoría determinada, por ejemplo, identificar si una imagen contiene un gato o un perro. Mientras tanto, la detección de objetos implica identificar y localizar objetos específicos dentro de una imagen. Esto puede ser útil en aplicaciones como la conducción autónoma, donde se necesita detectar y reconocer objetos en tiempo real.

Para el reconocimiento y detección de objetos, se utilizan técnicas como la extracción de características, la segmentación y la clasificación. La extracción de características implica la identificación de patrones en una imagen que sean útiles para la clasificación, como bordes, formas y texturas. La segmentación implica dividir una imagen en regiones separadas que pueden ser clasificadas de manera individual. La clasificación implica la asignación de una etiqueta a cada objeto detectado.

Las redes neuronales convolucionales (CNN) son un enfoque común para la detección y reconocimiento de objetos en la visión por computadora. Estas redes son capaces de aprender características de bajo nivel como bordes y formas, así como características de alto nivel como partes del cuerpo y objetos completos. También son capaces de hacer frente a la variabilidad en la posición, el tamaño y la iluminación de los objetos.

CAPÍTULO 8: ROBÓTICA Y AUTOMATIZACIÓN

La robótica y la automatización son áreas clave de aplicación de la inteligencia artificial. En esencia, la robótica se enfoca en la creación de robots físicos que pueden realizar tareas específicas, mientras que la automatización se enfoca en la creación de sistemas inteligentes para controlar procesos y operaciones.

La robótica ha avanzado enormemente en las últimas décadas gracias a la inteligencia artificial. Los robots pueden ahora realizar tareas complejas y peligrosas en entornos peligrosos para los seres humanos, como la exploración espacial, la construcción de infraestructuras, la atención sanitaria y la fabricación de productos.

La robótica también ha evolucionado para incluir robots colaborativos, que pueden trabajar junto con los seres humanos en entornos compartidos. Estos robots son capaces de reconocer y responder a las emociones y la intención de los seres humanos, lo que les permite trabajar de manera segura y eficiente.

La automatización, por otro lado, se ha centrado en la creación de sistemas inteligentes para controlar procesos y operaciones. Estos sistemas utilizan algoritmos de aprendizaje automático y redes neuronales para analizar grandes cantidades de datos y tomar decisiones en tiempo real.

La automatización ha encontrado su lugar en diversas industrias, como la fabricación, la banca, la atención sanitaria y la logística, entre otras. Los sistemas de automatización son capaces de mejorar la eficiencia y la precisión en las operaciones, reducir el tiempo de inactividad y el error humano, y mejorar la seguridad en general.

Además, la robótica y la automatización también están transformando la fuerza laboral. A medida que los robots y los sistemas de automatización se vuelven más comunes, algunas tareas se vuelven obsoletas, lo que puede generar cierta preocupación en cuanto a la pérdida de empleos. Sin embargo, también se están creando nuevas oportunidades de trabajo en áreas como el mantenimiento de robots, el diseño y la programación de sistemas de automatización y la supervisión de procesos.

En la robótica y automatización, la inteligencia artificial desempeña un papel fundamental en la creación de robots y sistemas autónomos capaces de realizar tareas complejas en una variedad de entornos. Los robots y sistemas autónomos han evolucionado significativamente gracias a la inteligencia artificial, permitiendo que las tareas sean realizadas con mayor precisión y eficiencia.

En la robótica, la inteligencia artificial se utiliza para crear robots que pueden realizar tareas específicas de manera autónoma. Esto se logra mediante la programación de algoritmos que permiten al robot recibir información del entorno, procesarla y tomar decisiones en consecuencia. Por ejemplo, un robot puede ser programado para detectar y recoger objetos específicos en una fábrica.

La automatización, por otro lado, utiliza la inteligencia artificial para mejorar los procesos de fabricación y producción. La automatización implica la utilización de sistemas informáticos para controlar y monitorear los procesos de producción, lo que puede reducir el tiempo de producción y los errores. La inteligencia artificial se utiliza para crear sistemas de automatización más avanzados que pueden tomar decisiones basadas en los datos que reciben.

Además, la robótica y la automatización están siendo utilizadas cada vez más en la industria de la logística y el transporte. Los robots autónomos se utilizan para mover mercancías en almacenes y depósitos, mientras que los vehículos autónomos están siendo probados en la entrega de paquetes y el transporte de bienes.

Además de las aplicaciones mencionadas anteriormente, la robótica y la automatización son otras áreas que se han visto transformadas por la inteligencia artificial. La combinación de la robótica y la inteligencia artificial ha permitido la creación de robots capaces de llevar a cabo tareas complejas, como el ensamblaje de piezas en una línea de producción o la exploración de terrenos peligrosos.

La automatización, por su parte, ha mejorado significativamente la eficiencia y la precisión de los procesos industriales y empresariales. Los algoritmos de aprendizaje automático se utilizan para optimizar la cadena de suministro, predecir la demanda del mercado, detectar fraudes y errores, entre otras aplicaciones.

La inteligencia artificial también ha abierto la puerta a la creación de sistemas de automatización inteligente, donde los sistemas pueden tomar decisiones autónomas y ajustar sus procesos en función de los datos y las condiciones del entorno en tiempo real. Estos sistemas son capaces de identificar patrones y tendencias, predecir eventos futuros y tomar medidas para optimizar la eficiencia y la productividad de los procesos.

La combinación de robótica y automatización inteligente tiene un gran potencial en diversos sectores, como la industria manufacturera, la logística, la agricultura y la construcción, entre otros. La robótica y la automatización inteligente son áreas en constante evolución, con nuevas aplicaciones y desarrollos en el horizonte.

A medida que la inteligencia artificial continúa transformando la robótica y la automatización, es importante considerar los posibles impactos sociales y económicos. Si bien la automatización puede mejorar la eficiencia y reducir los costos, también puede tener un impacto en el empleo y en la calidad del trabajo. Es importante que los responsables políticos y los líderes empresariales consideren estos factores y trabajen para garantizar que la tecnología se utilice de manera responsable y sostenible para beneficio de la sociedad en general.

CAPÍTULO 9: ÉTICA EN LA INTELIGENCIA ARTIFICIAL

La ética en la inteligencia artificial es un tema cada vez más importante en el campo de la tecnología. Con el rápido avance de la IA, es importante tener en cuenta las implicaciones éticas que pueden surgir del uso de estas tecnologías.

Uno de los principales problemas éticos que se plantean en la IA es la cuestión de la privacidad. Muchas tecnologías de IA implican la recopilación y el uso de datos personales, lo que puede plantear preocupaciones sobre la privacidad y el uso indebido de la información.

Otro tema ético importante en la IA es la discriminación. Debido a que la IA se basa en datos, si estos datos están sesgados o incompletos, la tecnología puede perpetuar o incluso amplificar la discriminación y los prejuicios existentes en la sociedad.

También es importante considerar la responsabilidad en el desarrollo y uso de la IA. Las decisiones que se toman durante el desarrollo de la IA, como la selección de los datos de entrenamiento y los algoritmos utilizados, pueden tener implicaciones éticas significativas. Es importante que los desarrolladores y los usuarios de la IA se responsabilicen de las decisiones que se toman y de las consecuencias que puedan tener.

La transparencia es otro aspecto clave de la ética en la IA. Es importante que el funcionamiento de las tecnologías de IA sea transparente para que los usuarios puedan entender cómo se toman las decisiones y cómo se utilizan sus datos. La transparencia también puede ayudar a garantizar que la IA se utilice de manera justa y responsable.

Por último, es importante considerar el impacto social y económico de la IA. A medida que la IA se vuelve cada vez más común, es importante garantizar que se utilice de una manera que beneficie a la sociedad en su conjunto. También es importante tener en cuenta las posibles consecuencias económicas de la IA, como la automatización de empleos y la concentración de poder en manos de un pequeño número de empresas tecnológicas.

En general, la ética en la IA es un tema complejo y en evolución constante. Es importante que los desarrolladores, los usuarios y los responsables políticos trabajen juntos para garantizar que la IA se utilice de manera responsable y que se minimicen sus impactos negativos.

La ética en la inteligencia artificial es un tema crucial que se está discutiendo cada vez más en la industria tecnológica. Las implicaciones de la IA en la sociedad son cada vez más grandes, y es importante tener en cuenta los riesgos que pueden surgir si la IA no se desarrolla de manera ética y responsable.

Uno de los principales problemas éticos que se discuten en la IA es la discriminación. Los sistemas de IA pueden ser entrenados con datos que contienen prejuicios y sesgos, lo que puede llevar a decisiones discriminatorias en áreas como la selección de candidatos de empleo o la aprobación de préstamos. Es importante que se realice una evaluación de los datos utilizados para entrenar a los modelos de IA, y se adopten medidas para garantizar que los datos no sean sesgados.

Otro problema ético importante es la privacidad de los datos. Los sistemas de IA a menudo recopilan grandes cantidades de datos personales y confidenciales, lo que puede ser una fuente de preocupación para los usuarios. Es importante que se establezcan medidas adecuadas de seguridad y privacidad para garantizar que los datos recopilados no se utilicen de manera inapropiada o se compartan sin consentimiento.

También es importante tener en cuenta el impacto que la IA puede tener en el empleo y la economía. La automatización de procesos puede llevar a la eliminación de puestos de trabajo y cambios significativos en la forma en que se realizan ciertas tareas. Es importante abordar estos problemas y desarrollar soluciones que mitiguen los impactos negativos en los trabajadores y en la economía en general.

Finalmente, la IA plantea preguntas éticas en torno a la responsabilidad y la transparencia. ¿Quién es responsable cuando un sistema de IA comete un error o toma una decisión perjudicial? ¿Cómo se puede garantizar que los sistemas de IA sean transparentes y se puedan explicar las decisiones que toman?

Estos son solo algunos de los muchos problemas éticos que se deben considerar en la IA. Es importante que los desarrolladores, investigadores y responsables políticos trabajen juntos para abordar estos problemas y garantizar que la IA se desarrolle de manera responsable y ética para beneficio de toda la sociedad.

En este sentido, la ética en la inteligencia artificial sigue siendo un tema de discusión y debate en la comunidad tecnológica y en la sociedad en general. Es importante reconocer que la IA tiene un gran potencial para generar impacto positivo en la sociedad, pero también puede ser utilizada para fines cuestionables o incluso dañinos.

Uno de los principales desafíos éticos en la IA es la transparencia y la responsabilidad en el uso de los algoritmos. Los modelos de IA a menudo están entrenados con conjuntos de datos que contienen sesgos y prejuicios, lo que puede llevar a decisiones discriminatorias y perjudiciales. Por lo tanto, es importante garantizar que los algoritmos sean transparentes y comprensibles para que puedan ser evaluados y corregidos en caso de sesgos o errores.

Otro tema ético importante es la privacidad y la seguridad de los datos. La IA requiere grandes cantidades de datos para ser efectiva, pero el uso de estos datos también puede plantear preocupaciones sobre la privacidad de las personas. Es crucial que se tomen medidas adecuadas para proteger los datos de los usuarios y garantizar su seguridad.

Además, la IA plantea preguntas éticas sobre la automatización y la eliminación de empleos. A medida que la IA continúa avanzando, es posible que muchas tareas humanas sean reemplazadas por máquinas. Esto puede tener efectos económicos y sociales significativos, y es importante considerar cómo se pueden mitigar los impactos negativos.

En última instancia, la ética en la IA requiere un enfoque multidisciplinario y colaborativo que involucre a expertos en tecnología, ética, política y sociedad. Es fundamental que la comunidad tecnológica trabaje en estrecha colaboración con la sociedad en general para garantizar que la IA se utilice de manera ética y responsable y para garantizar que sus beneficios sean compartidos equitativamente.

.

CAPÍTULO 10: PRIVACIDAD Y SEGURIDAD EN LA INTELIGENCIA ARTIFICIAL

La privacidad y seguridad son temas críticos en el campo de la inteligencia artificial (IA), especialmente debido al vasto conjunto de datos que se utilizan para entrenar los modelos de IA. La recopilación, almacenamiento y uso de datos personales puede presentar riesgos de seguridad y privacidad, como la filtración de información sensible o el robo de identidad.

Para abordar estos problemas, se han desarrollado técnicas y estrategias específicas para garantizar la privacidad y seguridad en la IA. Una técnica comúnmente utilizada es la anonimización de datos, que implica la eliminación de información personal identificable de los conjuntos de datos para preservar la privacidad de los individuos. También se pueden utilizar técnicas de cifrado para proteger los datos en tránsito y en reposo.

Además, se han establecido políticas y regulaciones para garantizar la privacidad y seguridad de los datos en el ámbito de la IA. La Unión Europea, por ejemplo, ha adoptado el Reglamento General de Protección de Datos (RGPD), que establece estándares estrictos para la recopilación, almacenamiento y uso de datos personales.

Otro aspecto importante es la seguridad de los modelos de IA en sí mismos. Los modelos pueden ser vulnerables a ataques maliciosos, como la introducción de datos de entrenamiento manipulados para producir resultados erróneos. Los ataques también pueden incluir la explotación de debilidades en los algoritmos utilizados para entrenar los modelos. Para mitigar estos riesgos, se pueden utilizar técnicas de prueba y validación de modelos de IA, así como técnicas de detección y respuesta de ataques.

Por otro lado, la seguridad en la inteligencia artificial es un tema crítico y en constante evolución, especialmente a medida que la IA se integra en más aspectos de nuestras vidas. La seguridad en la IA se refiere a la protección de los sistemas de IA contra ataques externos o internos que podrían comprometer su integridad o poner en riesgo la privacidad y la seguridad de los usuarios.

Uno de los mayores riesgos de seguridad en la IA es la manipulación de los datos de entrenamiento, lo que puede llevar a un comportamiento impredecible o incluso peligroso de los sistemas de IA. Además, los ataques adversarios, en los que un atacante introduce datos maliciosos en un sistema de IA para engañarlo y manipular su salida, también son un riesgo importante.

Otro riesgo de seguridad en la IA es la posibilidad de que los sistemas de IA sean utilizados para llevar a cabo ataques malintencionados, como la distribución de spam o la difusión de información falsa y engañosa. Esto puede tener graves consecuencias en la sociedad, desde la manipulación de elecciones hasta la difusión de noticias falsas que pueden causar daño a la salud pública.

Por lo tanto, la seguridad en la IA es un tema crítico que requiere la atención y la acción de los desarrolladores, los gobiernos y las empresas. Se deben implementar medidas de seguridad robustas y protocolos de detección de ataques para proteger los sistemas de IA, y se deben tomar medidas para garantizar que los sistemas de IA se utilicen de manera responsable y ética para proteger la privacidad y la seguridad de los usuarios.

Otro aspecto importante a considerar en relación a la privacidad y seguridad en la inteligencia artificial es el llamado "sesgo algorítmico". Este se refiere a la tendencia de los algoritmos de aprendizaje automático a tomar decisiones que están influenciadas por prejuicios o discriminaciones implícitas en los datos con los que se han entrenado.

Por ejemplo, si se entrena un modelo de aprendizaje automático para clasificar currículums vitae para un trabajo, pero el conjunto de datos utilizado para entrenar el modelo tiene un sesgo de género (por ejemplo, si se han preseleccionado más currículums vitae de hombres que de mujeres), es posible que el modelo tenga una tendencia a favorecer a los candidatos masculinos sobre los femeninos.

El sesgo algorítmico es un problema muy preocupante, ya que puede tener consecuencias negativas para las personas que son discriminadas por estos algoritmos. Es por eso que es importante tomar medidas para minimizar el sesgo algorítmico en la inteligencia artificial.

Otro aspecto relevante es la protección de datos personales. Las empresas y organizaciones que utilizan la inteligencia artificial deben tomar medidas para proteger los datos personales de los usuarios y garantizar que se utilicen de manera ética y responsable. Esto implica cumplir con las leyes y regulaciones de protección de datos aplicables y garantizar que los usuarios sean informados sobre cómo se recopilan, procesan y utilizan sus datos.

Además, es importante tener en cuenta la seguridad de los sistemas de inteligencia artificial en sí mismos. Los sistemas de inteligencia artificial pueden ser vulnerables a ataques cibernéticos y otros tipos de amenazas de seguridad. Por lo tanto, es fundamental que los desarrolladores de inteligencia artificial implementen medidas de seguridad adecuadas para proteger los sistemas y los datos que manejan.

CAPÍTULO 11: LA INTELIGENCIA ARTIFICIAL EN LA INDUSTRIA

La Inteligencia Artificial (IA) se ha convertido en una herramienta indispensable para la industria. Las empresas están utilizando cada vez más la IA para automatizar procesos, mejorar la eficiencia, reducir costos y aumentar la precisión. Desde la detección de fallos en las cadenas de producción hasta la toma de decisiones de negocios, la IA está transformando la forma en que las empresas operan.

Una de las aplicaciones más comunes de la IA en la industria es la automatización de procesos. Las empresas pueden utilizar la IA para analizar grandes cantidades de datos y mejorar la eficiencia de los procesos. Por ejemplo, las plantas de producción pueden utilizar la IA para detectar problemas de calidad en tiempo real y ajustar los procesos para reducir los errores.

Otra aplicación importante de la IA en la industria es la toma de decisiones. Las empresas pueden utilizar la IA para analizar grandes cantidades de datos y tomar decisiones informadas sobre la producción, la logística y las ventas. La IA puede ayudar a las empresas a identificar patrones y tendencias que pueden haber pasado desapercibidos para los seres humanos.

La IA también se utiliza en la industria para la optimización de la cadena de suministro. Las empresas pueden utilizar la IA para analizar los datos de la cadena de suministro y optimizar los procesos para reducir los costos y mejorar la eficiencia. Por ejemplo, las empresas pueden utilizar la IA para predecir la demanda de los productos y ajustar la producción en consecuencia.

La IA también se utiliza en la industria para la detección de fraudes. Las empresas pueden utilizar la IA para analizar los datos financieros y detectar patrones sospechosos que podrían indicar fraude. La IA también puede ser utilizada para detectar actividades inusuales en las transacciones financieras y alertar a los analistas de fraude para que investiguen más a fondo.

En la industria automotriz, la IA se está utilizando cada vez más para la conducción autónoma. Los vehículos autónomos están equipados con sensores y cámaras que recopilan datos del entorno del vehículo, que luego se analizan mediante algoritmos de IA para tomar decisiones de conducción informadas.

En la industria médica, la IA se está utilizando cada vez más para el diagnóstico y el tratamiento de enfermedades. Los sistemas de IA pueden analizar grandes cantidades de datos médicos y ayudar a los médicos a identificar patrones y tendencias que podrían haber pasado desapercibidos. La IA también puede ser utilizada para personalizar el tratamiento de los pacientes en función de sus datos médicos individuales.

En la industria, la inteligencia artificial está transformando la forma en que las empresas operan y compiten. La IA se utiliza en una amplia variedad de aplicaciones, desde la optimización de la cadena de suministro hasta el análisis de datos para la toma de decisiones estratégicas.

Una de las formas en que la IA está siendo utilizada en la industria es para mejorar la eficiencia y la productividad. Por ejemplo, las fábricas pueden utilizar la IA para optimizar la producción, reducir los tiempos de inactividad y minimizar los errores. La IA también puede ser utilizada para mejorar la calidad de los productos, al permitir a las empresas detectar y corregir problemas antes de que se conviertan en problemas importantes.

Otra aplicación de la IA en la industria es la automatización de procesos empresariales. La IA puede ser utilizada para automatizar tareas rutinarias y repetitivas, lo que permite a los trabajadores centrarse en tareas de mayor valor añadido. Además, la automatización puede ayudar a reducir los errores humanos y a aumentar la velocidad y la eficiencia de los procesos.

La IA también está siendo utilizada en la industria para mejorar la toma de decisiones. Los algoritmos de aprendizaje automático pueden analizar grandes cantidades de datos y proporcionar información valiosa para la toma de decisiones. Por ejemplo, la IA puede ayudar a las empresas a predecir la demanda de sus productos, identificar oportunidades de crecimiento y optimizar la asignación de recursos.

Otra aplicación de la IA en la industria es la personalización de productos y servicios. La IA puede ser utilizada para analizar los datos de los clientes y proporcionar recomendaciones personalizadas basadas en sus preferencias y comportamientos de compra. Esto puede mejorar la experiencia del cliente y aumentar la lealtad a la marca.

Además, la IA también está siendo utilizada en la industria para mejorar la seguridad. Por ejemplo, las empresas pueden utilizar la IA para analizar imágenes de vídeo y detectar posibles amenazas de seguridad en tiempo real. La IA también puede ser utilizada para proteger los datos de la empresa, detectar y prevenir el fraude y mejorar la ciberseguridad.

Otra área importante en la que la inteligencia artificial está haciendo una gran diferencia es en la atención médica. La capacidad de la inteligencia artificial para analizar grandes cantidades de datos y patrones, y su capacidad para aprender de manera autónoma, lo convierte en una herramienta valiosa para la atención médica.

En la atención médica, la inteligencia artificial se utiliza para tareas como la clasificación de imágenes médicas, la identificación de patrones en grandes conjuntos de datos de pacientes, la detección temprana de enfermedades y la predicción de resultados. Algunas de las aplicaciones de la inteligencia artificial en la atención médica incluyen:

1. Diagnóstico médico: los sistemas de inteligencia artificial pueden analizar grandes cantidades de datos, como resultados de pruebas y síntomas del paciente, para ayudar a los médicos a llegar a un diagnóstico más rápido y preciso. Por ejemplo, los sistemas de inteligencia artificial pueden ayudar a los radiólogos a identificar tumores en imágenes médicas o a los dermatólogos a detectar cáncer de piel.
2. Análisis de datos médicos: la inteligencia artificial puede analizar grandes conjuntos de datos de pacientes para identificar patrones y tendencias que los médicos pueden usar para mejorar el tratamiento y la atención al paciente. Esto puede incluir el análisis de datos de pacientes en tiempo real para ayudar a predecir la necesidad de tratamiento o intervención médica.
3. Monitorización de la salud: la inteligencia artificial puede utilizarse para monitorizar constantemente la salud de los pacientes, detectar cualquier cambio en los datos y alertar a los médicos si se requiere una intervención. Esto puede ser especialmente útil en pacientes con enfermedades crónicas como la diabetes o la enfermedad cardíaca.
4. Descubrimiento de medicamentos: la inteligencia artificial puede utilizarse para ayudar a los investigadores a descubrir nuevos medicamentos o terapias para enfermedades. Al utilizar algoritmos de aprendizaje automático para analizar grandes conjuntos de datos de medicamentos y enfermedades, los investigadores pueden identificar nuevas combinaciones de medicamentos o terapias que pueden ser efectivas para tratar enfermedades específicas.

En resumen, la inteligencia artificial tiene el potencial de transformar la atención médica al mejorar la precisión del diagnóstico, la eficiencia en el análisis de datos, la monitorización continua de la salud de los pacientes y la identificación de nuevas terapias y medicamentos para tratar enfermedades.

CAPÍTULO 12: LA INTELIGENCIA ARTIFICIAL EN LA MEDICINA

La inteligencia artificial (IA) se está convirtiendo rápidamente en una herramienta cada vez más importante en el campo de la medicina. Los avances en la tecnología de la IA están permitiendo a los investigadores y profesionales médicos hacer predicciones precisas sobre enfermedades, desarrollar tratamientos personalizados, y mejorar la eficiencia y la calidad de la atención médica.

Una de las áreas más prometedoras en la que la IA está haciendo avances significativos es en la detección y diagnóstico temprano de enfermedades. La IA puede analizar grandes cantidades de datos médicos, incluyendo imágenes de escáneres y pruebas de laboratorio, para identificar patrones y señales tempranas de enfermedades como el cáncer, la enfermedad de Alzheimer y la diabetes. Algunos investigadores están trabajando en el desarrollo de herramientas de diagnóstico basadas en IA que puedan detectar enfermedades en etapas muy tempranas, cuando los tratamientos son más efectivos.

La IA también se está utilizando para el desarrollo de tratamientos personalizados. Los algoritmos de IA pueden analizar grandes cantidades de datos médicos y genéticos para identificar patrones que puedan predecir cómo responderá un paciente a un tratamiento en particular. Esto significa que los tratamientos pueden ser personalizados para adaptarse a las necesidades específicas de cada paciente, lo que puede aumentar la efectividad de los tratamientos y reducir los efectos secundarios.

Otra área en la que la IA está haciendo una gran contribución es en la gestión y la organización de datos médicos. La IA puede analizar grandes cantidades de datos médicos, incluyendo registros médicos electrónicos, para ayudar a los profesionales médicos a tomar decisiones más informadas. La IA también puede ayudar a los hospitales y clínicas a optimizar la gestión de recursos y mejorar la eficiencia.

Además de los beneficios potenciales de la IA en la medicina, también hay desafíos éticos y de seguridad que deben ser considerados. Por ejemplo, existe la preocupación de que la IA pueda perpetuar prejuicios y discriminación en la atención médica si los algoritmos no son diseñados adecuadamente. También es importante garantizar la privacidad y la seguridad de los datos médicos de los pacientes.

La aplicación de la inteligencia artificial en la medicina está revolucionando la forma en que se diagnostican, tratan y previenen las enfermedades. La IA se está utilizando en diversos campos de la medicina, como la radiología, la patología, la oncología, la cardiología, la genómica, entre otros.

En radiología, la IA se está utilizando para ayudar a los radiólogos a detectar y diagnosticar enfermedades. Por ejemplo, los algoritmos de aprendizaje profundo pueden analizar las imágenes de resonancia magnética y detectar anomalías que podrían ser difíciles de detectar para los radiólogos humanos. Esto puede ayudar a reducir los errores de diagnóstico y mejorar la precisión.

En patología, la IA se está utilizando para ayudar a los patólogos a analizar muestras de tejido y detectar patrones que puedan indicar la presencia de cáncer. Los algoritmos de aprendizaje profundo pueden analizar grandes cantidades de datos y detectar patrones sutiles que pueden ser difíciles de detectar para los patólogos humanos.

En oncología, la IA se está utilizando para ayudar a los médicos a personalizar el tratamiento del cáncer. Los algoritmos de aprendizaje automático pueden analizar grandes cantidades de datos de pacientes y de investigación para identificar patrones que puedan indicar qué tratamientos son más efectivos para pacientes específicos.

En cardiología, la IA se está utilizando para ayudar a los médicos a detectar enfermedades cardíacas y prevenir ataques cardíacos. Los algoritmos de aprendizaje automático pueden analizar grandes cantidades de datos de electrocardiogramas y otros datos de pacientes para identificar patrones que puedan indicar un mayor riesgo de enfermedades cardíacas.

En genómica, la IA se está utilizando para ayudar a los médicos a analizar grandes cantidades de datos genómicos y identificar mutaciones que puedan indicar un mayor riesgo de enfermedades. Los algoritmos de aprendizaje automático pueden analizar grandes cantidades de datos genómicos y de salud para identificar patrones que puedan indicar un mayor riesgo de enfermedades genéticas.

La inteligencia artificial es un campo en constante evolución y expansión, y hay muchos otros temas importantes que podemos explorar. Algunos de ellos incluyen:

- Aprendizaje profundo: esta rama del aprendizaje automático utiliza redes neuronales profundas para analizar grandes cantidades de datos y realizar tareas más complejas, como el reconocimiento de imágenes y el procesamiento del lenguaje natural.
- Robótica autónoma: esta área implica la creación de robots que pueden tomar decisiones y realizar tareas sin la intervención humana directa. La robótica autónoma se utiliza en una variedad de aplicaciones, desde la exploración espacial hasta la fabricación automatizada.
- Sistemas de recomendación: estos sistemas utilizan algoritmos de aprendizaje automático para recomendar productos, servicios o contenidos en función del historial de compras o navegación del usuario. Los sistemas de recomendación son comunes en las plataformas de comercio electrónico y los servicios de streaming de video.
- Aprendizaje por refuerzo: esta rama del aprendizaje automático utiliza el concepto de recompensa para enseñar a

una máquina a tomar decisiones óptimas. Por ejemplo, un robot de limpieza puede aprender a limpiar una habitación de manera eficiente a través del aprendizaje por refuerzo.

- Generación de texto: los modelos de lenguaje natural se utilizan para generar texto coherente y relevante, lo que puede tener aplicaciones en la creación de chatbots, la traducción automática y la generación de contenido.
- Inteligencia artificial general: la inteligencia artificial general (AGI) se refiere a la creación de sistemas que pueden realizar cualquier tarea cognitiva que un ser humano pueda realizar. La AGI es un campo de investigación en evolución y se considera uno de los mayores desafíos en la inteligencia artificial.
- Explicabilidad y transparencia: a medida que la inteligencia artificial se utiliza cada vez más en aplicaciones críticas, como la atención médica y la seguridad pública, es importante garantizar que los algoritmos sean transparentes y se puedan explicar. La explicabilidad se refiere a la capacidad de los algoritmos para explicar sus decisiones y procesos, mientras que la transparencia se refiere a la accesibilidad de los datos utilizados en los algoritmos.

En general, la inteligencia artificial tiene aplicaciones en una amplia variedad de industrias, desde la atención médica hasta la fabricación y el comercio minorista. A medida que la tecnología continúa evolucionando, es probable que veamos aún más aplicaciones emergentes de la inteligencia artificial en el futuro.

CAPÍTULO 13: LA INTELIGENCIA ARTIFICIAL EN LA EDUCACIÓN

La inteligencia artificial (IA) se está utilizando cada vez más en la educación para mejorar la calidad del aprendizaje y la enseñanza. Hay varias formas en que la IA está siendo utilizada en la educación, desde la creación de contenidos educativos personalizados hasta la evaluación automatizada de trabajos y la identificación de áreas en las que los estudiantes necesitan ayuda adicional.

Una de las principales ventajas de la IA en la educación es la posibilidad de crear contenidos educativos personalizados. Los sistemas de IA pueden analizar los datos de los estudiantes, como su historial académico y sus resultados en evaluaciones, para identificar las fortalezas y debilidades individuales de cada estudiante. Con esta información, se pueden crear contenidos educativos específicos para cada estudiante, lo que les permite aprender de manera más efectiva y eficiente.

Otra forma en que la IA se utiliza en la educación es mediante la evaluación automatizada de trabajos. Los sistemas de IA pueden analizar el contenido de los trabajos de los estudiantes y evaluarlos en función de una serie de criterios predefinidos. Esto no solo ahorra tiempo y recursos a los docentes, sino que también proporciona una evaluación más objetiva y precisa de los trabajos.

Además, la IA puede ser utilizada para identificar áreas en las que los estudiantes necesitan ayuda adicional. Los sistemas de IA pueden analizar el comportamiento de los estudiantes mientras aprenden para identificar patrones de aprendizaje y detectar cuando un estudiante está luchando en una determinada área. Esto permite a los docentes intervenir rápidamente y proporcionar la ayuda adicional que el estudiante necesita para superar las dificultades.

También se están desarrollando chatbots educativos, que utilizan la tecnología de procesamiento del lenguaje natural para interactuar con los estudiantes y responder a sus preguntas de manera efectiva. Estos chatbots pueden ser programados para proporcionar información específica sobre un tema y ayudar a los estudiantes a encontrar recursos relevantes para su aprendizaje.

La inteligencia artificial está transformando la educación al hacer que el aprendizaje sea más accesible, personalizado y efectivo. A continuación, se presentan algunos ejemplos de cómo se está utilizando la inteligencia artificial en la educación:

1. Tutoría personalizada: Los sistemas de tutoría inteligente pueden personalizar la educación para cada estudiante en función de su nivel de habilidad, ritmo de aprendizaje y estilo de aprendizaje.
2. Análisis de datos: Los análisis de datos de aprendizaje pueden ayudar a los educadores a identificar las áreas de fortaleza y debilidad de los estudiantes y a adaptar su enfoque de enseñanza en consecuencia.
3. Herramientas de escritura: Las herramientas de inteligencia artificial pueden ayudar a los estudiantes a mejorar su escritura y gramática, ofreciendo sugerencias en tiempo real para mejorar la estructura de las oraciones y la elección de las palabras.
4. Aprendizaje adaptativo: Los sistemas de aprendizaje adaptativo utilizan algoritmos de inteligencia artificial para adaptar el contenido educativo al nivel de habilidad de cada estudiante.
5. Análisis de sentimientos: La inteligencia artificial puede analizar los patrones de comportamiento de los estudiantes y los sentimientos que expresan a través de la escritura para ayudar a los educadores a detectar problemas emocionales.
6. Grading automatizado: La inteligencia artificial también se utiliza para calificar automáticamente los exámenes, tareas y trabajos, lo que ahorra tiempo a los educadores.

Sin embargo, también hay preocupaciones éticas y de privacidad asociadas con el uso de la inteligencia artificial en la educación. Por ejemplo, es importante asegurarse de que la información personal de los estudiantes no sea compartida de forma inapropiada o utilizada para fines comerciales. También hay preocupaciones sobre la equidad y la justicia, ya que el uso de la inteligencia artificial podría favorecer a los estudiantes más privilegiados y marginar a los estudiantes de bajos ingresos o de comunidades subrepresentadas.

Un tema interesante que podemos explorar es el impacto de la inteligencia artificial en el mundo laboral. A medida que la IA sigue avanzando y se integra cada vez más en nuestras vidas, también está transformando la forma en que trabajamos.

En algunos casos, la IA está reemplazando ciertos trabajos que antes eran realizados por humanos, mientras que en otros casos está mejorando y acelerando procesos y tareas. Por ejemplo, en la industria de la fabricación, la IA ha permitido que las fábricas operen de manera más eficiente y precisa al automatizar ciertas tareas, lo que ha reducido la necesidad de trabajo manual y ha permitido a las empresas reducir costos y aumentar la producción.

Sin embargo, también hay preocupaciones sobre cómo la IA afectará el mercado laboral a largo plazo. Algunos temen que la IA resulte en una reducción de empleos y en una mayor desigualdad económica. Por otro lado, otros argumentan que la IA también puede crear nuevos trabajos y oportunidades.

Para prepararse para los cambios que se avecinan, es importante que los trabajadores adquieran nuevas habilidades y conocimientos que les permitan trabajar junto a la IA. Esto significa aprender cómo interactuar con las tecnologías de IA, y cómo aplicarlas a sus trabajos para mejorar la eficiencia y la productividad. Las habilidades en áreas como la programación, la analítica de datos, el diseño de interfaces y la resolución de problemas son cada vez más valiosas en el mercado laboral actual.

También es importante que los gobiernos, empresas y líderes de la industria consideren el impacto de la IA en la fuerza laboral y trabajen juntos para crear políticas y programas que apoyen una transición suave hacia un futuro donde la IA juegue un papel más importante en la economía global. Esto podría incluir iniciativas como la educación y la capacitación para trabajadores que necesiten actualizar sus habilidades, la inversión en programas de reentrenamiento y reconversión profesional, y la creación de incentivos para empresas que contraten y capaciten a trabajadores de manera responsable y sostenible.

CAPÍTULO 14: LA INTELIGENCIA ARTIFICIAL EN EL ARTE Y LA CREATIVIDAD

La inteligencia artificial está siendo cada vez más utilizada en el ámbito artístico y creativo, lo que está generando nuevas formas de expresión y una gran cantidad de oportunidades en este campo. Desde la creación de música y obras de arte hasta la generación de guiones y personajes, la inteligencia artificial está transformando la forma en que pensamos sobre la creatividad.

Una de las aplicaciones más interesantes de la inteligencia artificial en el arte es la generación de imágenes y videos. Por ejemplo, los generadores de estilo pueden aplicar el estilo de una obra de arte a una imagen o video para crear una versión nueva y única. Además, los sistemas de aprendizaje profundo pueden ser entrenados para generar arte de manera autónoma, creando obras únicas e interesantes.

Otra aplicación interesante de la inteligencia artificial en el arte es la generación de música. Los sistemas de inteligencia artificial pueden ser entrenados con grandes cantidades de música para aprender patrones y crear nuevas composiciones basadas en esos patrones. Esto ha llevado a la creación de obras de música original que nunca antes habían sido escuchadas.

La inteligencia artificial también se está utilizando para ayudar en la creación de películas y programas de televisión. Los sistemas de aprendizaje automático pueden analizar grandes cantidades de datos de audiencia para predecir qué tipo de historias serán más populares y ayudar a los escritores a crear tramas y personajes más interesantes.

Sin embargo, también hay preocupaciones sobre el uso de la inteligencia artificial en el arte y la creatividad. Algunas personas se preguntan si el uso de la inteligencia artificial para crear obras de arte y música socava la creatividad humana y si las obras generadas por máquinas son realmente arte en el sentido tradicional. Además, la cuestión de la propiedad intelectual y la autoría de las obras generadas por máquinas sigue siendo un tema controvertido.

En el ámbito del arte y la creatividad, la inteligencia artificial está revolucionando la forma en que se crean y consumen obras de arte. Los artistas y diseñadores utilizan técnicas de aprendizaje automático para crear obras de arte generativas, donde la máquina es capaz de crear nuevas imágenes, sonidos y texturas a partir de un conjunto de datos.

Por ejemplo, se han desarrollado sistemas de generación de imágenes que pueden crear obras de arte completamente nuevas a partir de una base de datos de imágenes existentes. También hay herramientas de procesamiento de lenguaje natural que pueden generar poesía y prosa en base a modelos previamente entrenados. Además, los sistemas de recomendación de contenido basados en algoritmos de inteligencia artificial se utilizan para ayudar a los usuarios a descubrir nuevas obras de arte que puedan gustarles.

La inteligencia artificial también se utiliza en la creación de música, desde la composición de canciones hasta la generación de nuevas melodías y ritmos. Los algoritmos de aprendizaje automático se entrenan en base a las tendencias musicales y los estilos de los artistas, para crear música que se ajuste a esos patrones.

Por otro lado, la inteligencia artificial también se utiliza en la crítica de arte, donde se pueden analizar grandes cantidades de datos para descubrir patrones y tendencias en el mundo del arte y la cultura. Los sistemas de inteligencia artificial pueden analizar el lenguaje utilizado en las reseñas y críticas de arte para entender las tendencias y preferencias de los consumidores.

En general, la inteligencia artificial está permitiendo a los artistas y diseñadores crear de manera más eficiente y explorar nuevas formas de expresión artística. Al mismo tiempo, la tecnología también está ayudando a los consumidores a descubrir nuevas obras de arte y tendencias, lo que puede impulsar el crecimiento y la diversidad en la industria del arte y la cultura.

La inteligencia artificial ha revolucionado la forma en que trabajamos, vivimos y nos comunicamos. En el futuro, es probable que la IA siga avanzando y transformando muchas más áreas de nuestra vida cotidiana.

Una de las áreas que ha visto un gran avance gracias a la IA es la del transporte y la logística. Los sistemas de transporte y logística modernos dependen de una gran cantidad de datos para funcionar de manera eficiente. La IA se puede utilizar para analizar estos datos y optimizar la eficiencia de los sistemas de transporte y logística. Los algoritmos de IA pueden ser utilizados para predecir la demanda futura, optimizar rutas de transporte y reducir los tiempos de entrega.

Otro campo que está siendo revolucionado por la IA es el de la agricultura. La IA puede ser utilizada para optimizar la producción agrícola, desde el cultivo y la cosecha hasta el transporte y la venta de productos. Los sistemas de IA pueden ayudar a los agricultores a tomar decisiones informadas sobre qué cultivos plantar, cuándo plantarlos y cómo cosecharlos de manera más eficiente. Además, la IA puede ser utilizada para monitorear las condiciones ambientales y predecir el clima para ayudar a los agricultores a tomar decisiones informadas sobre el riego, la fertilización y otros aspectos del cultivo.

La IA también está transformando la forma en que las empresas manejan su gestión de recursos humanos. Los algoritmos de IA pueden ser utilizados para identificar los rasgos y habilidades más importantes de los empleados y ayudar a los gerentes a tomar decisiones informadas sobre promociones, despidos y capacitación.

La IA también puede ser utilizada para mejorar los procesos de selección de candidatos, identificando a los candidatos más adecuados para los puestos de trabajo disponibles.

En conclusión, la inteligencia artificial está transformando la forma en que pensamos sobre la creatividad y el arte. Aunque hay preocupaciones sobre su impacto en la creatividad humana y la propiedad intelectual, no se puede negar que la inteligencia artificial está abriendo nuevas posibilidades y oportunidades en el mundo del arte y la creatividad.

CAPÍTULO 15: LA INTELIGENCIA ARTIFICIAL EN EL DEPORTE

La Inteligencia Artificial (IA) está teniendo un impacto cada vez mayor en el mundo del deporte. Desde la mejora del rendimiento de los atletas hasta la gestión de los equipos y la experiencia del espectador, la IA está transformando el deporte en múltiples formas.

Una de las aplicaciones más comunes de la IA en el deporte es el análisis de datos. Los equipos y entrenadores utilizan la IA para analizar grandes cantidades de datos, incluyendo estadísticas de partidos, datos biométricos y videos de entrenamientos, con el fin de obtener información valiosa sobre el rendimiento de los atletas. Esta información puede utilizarse para mejorar el entrenamiento y el rendimiento, identificar patrones y tendencias, y tomar decisiones informadas sobre la selección de jugadores y la estrategia del juego.

La IA también se utiliza en la gestión de lesiones. Los sensores y los dispositivos portátiles pueden recopilar datos en tiempo real sobre el cuerpo de los atletas, lo que permite a los entrenadores y médicos detectar signos de lesiones antes de que se conviertan en problemas graves. Además, la IA puede ayudar en la rehabilitación de lesiones, utilizando algoritmos de aprendizaje automático para analizar el progreso de la recuperación y proporcionar recomendaciones personalizadas para acelerar la recuperación.

Otra área en la que la IA está teniendo un impacto significativo es en la mejora de la experiencia del espectador. Las tecnologías de IA, como la realidad virtual y aumentada, pueden mejorar la forma en que los espectadores ven y experimentan los eventos deportivos. La IA también se utiliza en la generación de contenido automatizado, como la creación de resúmenes de partidos, lo que permite a los aficionados acceder a más contenido y disfrutar de una experiencia personalizada.

La IA también está transformando la forma en que se gestionan los equipos deportivos. Los algoritmos de IA pueden utilizarse para predecir la probabilidad de lesiones, mejorar la selección de jugadores y optimizar la gestión de la nómina. Además, la IA puede utilizarse para analizar el comportamiento del mercado y predecir tendencias, lo que permite a los equipos tomar decisiones informadas sobre las finanzas y la estrategia comercial.

En los últimos años, la Inteligencia Artificial (IA) ha revolucionado la forma en que se aborda el deporte y se entrena a los atletas. La IA se utiliza en diferentes aspectos del deporte, desde la predicción del rendimiento hasta la mejora del análisis del juego. A continuación, se desarrollarán algunos de los avances más importantes en la aplicación de la IA en el deporte.

1. Análisis del rendimiento La IA se utiliza en el análisis del rendimiento de los atletas. Los algoritmos de aprendizaje automático pueden analizar grandes cantidades de datos para identificar patrones y tendencias. Los datos incluyen información sobre la salud, el estado físico y el rendimiento de los atletas, y pueden provenir de dispositivos vestibles, cámaras de video y otros sensores. Con el análisis de estos datos, los entrenadores pueden identificar áreas en las que los

atletas necesitan mejorar y ajustar los programas de entrenamiento en consecuencia.

2. Predicción del rendimiento La IA también se utiliza para predecir el rendimiento de los atletas. Los algoritmos de aprendizaje automático pueden analizar una amplia gama de datos para identificar patrones y tendencias que puedan predecir el rendimiento futuro de un atleta. Estos datos pueden incluir la edad del atleta, su historial médico, su rendimiento pasado y su entrenamiento actual. Los equipos pueden utilizar esta información para tomar decisiones informadas sobre la gestión de su equipo y para determinar cuáles son los atletas que tienen más posibilidades de éxito en el futuro.

3. Análisis del juego La IA también se utiliza para analizar el juego y ayudar a los entrenadores y los equipos a tomar decisiones informadas. Las cámaras de video pueden grabar los partidos, y la IA puede analizar los datos para identificar patrones y tendencias en el juego. Los equipos pueden utilizar esta información para identificar áreas en las que necesitan mejorar y ajustar sus estrategias en consecuencia. Los equipos también pueden utilizar la IA para analizar las tendencias de los oponentes y para desarrollar estrategias para ganar.

4. Análisis de la lesión La IA también se utiliza en el análisis de la lesión de los atletas. Los algoritmos de aprendizaje automático pueden analizar grandes cantidades de datos para identificar patrones y tendencias en las lesiones de los atletas. Esto puede ayudar a los equipos a prevenir lesiones en el futuro y a desarrollar planes de recuperación más efectivos para los atletas que están lesionados.

5. Personalización del entrenamiento La IA se utiliza también para personalizar el entrenamiento de los atletas. Con el análisis de los datos de rendimiento y otros datos relacionados con la salud y el estado físico de los atletas, se pueden desarrollar programas de entrenamiento personalizados para cada atleta. Esto puede ayudar a los atletas a mejorar su rendimiento de manera más efectiva y a prevenir lesiones.

En conclusión, la IA está transformando la forma en que se entrena y se gestiona a los atletas. Con la ayuda de la IA, los entrenadores y los equipos pueden tomar decisiones más informadas y mejorar el rendimiento de los atletas de manera más efectiva.

CAPÍTULO 16: EL FUTURO DE LA INTELIGENCIA ARTIFICIAL

El futuro de la inteligencia artificial es incierto y emocionante al mismo tiempo. A medida que la tecnología continúa avanzando a un ritmo acelerado, podemos esperar ver muchos cambios en cómo se aplica la IA en los próximos años.

Una de las áreas donde la IA está avanzando rápidamente es en el procesamiento del lenguaje natural (PLN), que permite a las computadoras entender el lenguaje humano y comunicarse con las personas de manera más efectiva. A medida que esta tecnología mejore, veremos más chatbots y asistentes virtuales que puedan ayudar a las personas en tareas cotidianas como hacer compras, hacer reservas o responder preguntas.

Otra área en la que la IA se espera que tenga un gran impacto es en la salud y la medicina. La IA ya está siendo utilizada en diagnósticos médicos y en la investigación de nuevos tratamientos y terapias. En el futuro, la IA podría ayudar a prevenir enfermedades antes de que se desarrollen, personalizar tratamientos para pacientes individuales y mejorar la eficiencia y la precisión en los hospitales y clínicas.

También podemos esperar ver un mayor uso de la IA en la educación, desde la creación de planes de estudio personalizados hasta el uso de sistemas de tutoría inteligente para ayudar a los estudiantes a aprender de manera más efectiva.

En el ámbito empresarial, la IA ya está siendo utilizada en la automatización de procesos y en la toma de decisiones. En el futuro, esto se espera que se expanda a muchas más áreas, incluyendo la gestión de la cadena de suministro y la optimización de la producción.

Además, la IA también se está utilizando cada vez más en áreas como el arte, el diseño y el entretenimiento, lo que permite nuevas formas de crear y experimentar.

Sin embargo, a medida que la IA continúa avanzando, también surgirán nuevos desafíos, como la necesidad de garantizar la privacidad y la seguridad de los datos y la responsabilidad ética en el desarrollo y uso de esta tecnología.

La Inteligencia Artificial se encuentra en constante evolución y cambio, y es difícil predecir exactamente cómo será el futuro de esta tecnología. Sin embargo, hay algunas tendencias y áreas en las que se espera que la IA tenga un impacto significativo en el futuro cercano:

1. Mayor automatización en diversos sectores: La IA ya está transformando la forma en que trabajamos en sectores como la fabricación y la logística, y se espera que esta tendencia continúe. La automatización y la robótica se están volviendo cada vez más avanzadas y capaces, lo que podría llevar a la eliminación de ciertos trabajos. Sin embargo, también hay oportunidades para la creación de nuevos trabajos en campos relacionados con la IA.
2. Mayor personalización: La IA ya se utiliza para personalizar la publicidad, la recomendación de productos y servicios, y más. En el futuro, se espera que la IA se utilice para personalizar una amplia gama de experiencias, desde el aprendizaje en línea hasta la atención médica.

3. Mayor integración de la IA en dispositivos cotidianos: Se espera que la IA esté cada vez más presente en dispositivos cotidianos, desde smartphones hasta electrodomésticos. Esto permitirá la automatización de tareas cotidianas y el control de dispositivos mediante la voz o gestos.

4. Mayor avance en la IA conversacional: La IA conversacional, también conocida como chatbots, ya se utiliza en muchas empresas para interactuar con los clientes. En el futuro, se espera que esta tecnología se vuelva aún más sofisticada, permitiendo conversaciones más naturales y una mejor comprensión del lenguaje humano.

5. Mayor avance en la IA para la toma de decisiones: La IA se está utilizando cada vez más para ayudar en la toma de decisiones en campos como la medicina y las finanzas. En el futuro, se espera que la IA se vuelva aún más sofisticada y capaz de proporcionar recomendaciones precisas y confiables.

6. Mayor enfoque en la ética y la seguridad: A medida que la IA se vuelve más omnipresente, es importante considerar la ética y la seguridad de su uso. Es probable que se preste más atención a estas áreas en el futuro, y se desarrollen normas y regulaciones para garantizar el uso ético y seguro de la tecnología.

En general, el futuro de la IA es emocionante y lleno de posibilidades. A medida que la tecnología continúa avanzando, es importante seguir discutiendo y considerando cómo podemos aprovechar al máximo su potencial mientras minimizamos los riesgos y aseguramos que se utilice de manera responsable.

CAPÍTULO 17: IMPACTO DE LA INTELIGENCIA ARTIFICIAL EN LA SOCIEDAD

El impacto de la inteligencia artificial en la sociedad es uno de los temas más relevantes y debatidos en la actualidad. La IA tiene el potencial de transformar radicalmente la forma en que vivimos, trabajamos y nos relacionamos, y es importante entender cómo puede afectar a diferentes aspectos de nuestra vida.

Uno de los impactos más significativos de la IA en la sociedad es la automatización de trabajos. A medida que la tecnología avanza, los robots y sistemas de IA son cada vez más capaces de realizar tareas que antes solo podían ser realizadas por humanos. Esto puede llevar a la eliminación de empleos y a una reducción de la demanda de ciertas habilidades, lo que puede tener consecuencias sociales y económicas significativas.

Sin embargo, también hay muchas oportunidades para la IA en la sociedad. La IA puede mejorar la atención médica, optimizar la producción y reducir los errores humanos. Por ejemplo, los sistemas de IA pueden analizar grandes cantidades de datos para identificar patrones que pueden ayudar en el diagnóstico y tratamiento de enfermedades, y la automatización de procesos industriales puede reducir la tasa de errores humanos y aumentar la eficiencia.

Otro impacto importante de la IA en la sociedad es el acceso a la información. La IA puede analizar grandes cantidades de datos y proporcionar información útil y relevante a los usuarios. Sin embargo, también puede haber riesgos asociados con la privacidad y la seguridad de la información, especialmente si los sistemas de IA no están diseñados con medidas adecuadas de protección de datos.

La IA también puede tener un impacto en la forma en que tomamos decisiones y nos relacionamos con los demás. Los sistemas de IA pueden influir en la forma en que pensamos y tomamos decisiones, y pueden tener un impacto en la forma en que nos relacionamos con los demás en línea. Es importante considerar cómo la IA puede afectar a nuestras vidas y cómo podemos garantizar que se use de manera responsable y ética.

El impacto de la inteligencia artificial en la sociedad es un tema cada vez más relevante, ya que su uso se está extendiendo en una amplia variedad de sectores y aplicaciones. Si bien la IA tiene el potencial de transformar la forma en que trabajamos, vivimos y nos relacionamos, también plantea una serie de desafíos y preocupaciones que deben ser abordados para garantizar que se utilice de manera ética y responsable.

Uno de los mayores impactos de la IA en la sociedad es su capacidad para automatizar trabajos y procesos, lo que puede llevar a la eliminación de ciertos puestos de trabajo. Si bien la automatización puede mejorar la eficiencia y la productividad, también puede tener consecuencias sociales y económicas negativas, especialmente para aquellos que dependen de trabajos que se están volviendo obsoletos.

Además, la IA también puede afectar la privacidad y la seguridad de las personas, especialmente si se recopilan y utilizan datos personales sin el consentimiento explícito. Es importante que se implementen medidas de seguridad y protección de la privacidad para garantizar que los datos personales se utilicen de manera responsable y que se respeten los derechos individuales.

Otra preocupación importante es la posibilidad de sesgos y discriminación en los sistemas de IA. Si los datos utilizados para entrenar a los sistemas de IA están sesgados, el resultado final también será sesgado y discriminatorio. Es necesario trabajar en la eliminación de sesgos en la IA y asegurar la inclusión y la diversidad en los procesos de diseño y desarrollo.

La IA también puede tener un impacto en la toma de decisiones y la responsabilidad individual. Por ejemplo, si un algoritmo toma una decisión que resulta en un resultado negativo, ¿quién es responsable de esa decisión: el algoritmo o el desarrollador que lo creó? Se necesitan normas y regulaciones claras para garantizar la responsabilidad y la transparencia en la toma de decisiones de la IA.

Finalmente, la IA también tiene el potencial de mejorar la calidad de vida de las personas en áreas como la atención médica, la educación y la movilidad. Se están desarrollando soluciones innovadoras para abordar problemas sociales y ambientales a través de la IA, lo que puede tener un impacto positivo en la sociedad.

CAPÍTULO 18: DESAFÍOS EN EL DESARROLLO DE LA INTELIGENCIA ARTIFICIAL

Como experto tecnológico del área de la Inteligencia Artificial, puedo afirmar que el desarrollo de esta tecnología presenta una serie de desafíos y obstáculos que deben ser superados para alcanzar su máximo potencial. Algunos de estos desafíos son:

1. La complejidad de la Inteligencia Artificial: la IA es una tecnología altamente compleja que involucra una gran cantidad de datos, algoritmos y modelos. La creación y el entrenamiento de los modelos de IA requiere una enorme cantidad de tiempo, recursos y conocimientos técnicos avanzados.
2. Falta de transparencia: La IA a menudo se considera una "caja negra" debido a la falta de transparencia en su funcionamiento interno. Los algoritmos de IA a menudo son difíciles de interpretar y entender, lo que dificulta la identificación y corrección de errores.
3. Sesgo de datos: Los modelos de IA se entrenan a partir de grandes cantidades de datos, pero si esos datos están sesgados, entonces el modelo también lo estará. El sesgo de datos puede dar lugar a resultados injustos y discriminatorios, lo que es especialmente preocupante en áreas como la justicia, la salud y el empleo.

4. Ética y privacidad: La IA también plantea cuestiones éticas y de privacidad. Por ejemplo, ¿quién es responsable de los resultados de la IA, el desarrollador o el usuario? Además, la recopilación y el uso de grandes cantidades de datos por parte de los sistemas de IA pueden plantear riesgos para la privacidad y la seguridad de los datos personales.

5. Regulación: La regulación de la IA aún no está clara en muchos países y puede variar significativamente de una región a otra. La falta de regulación clara puede dificultar la adopción y el desarrollo de la IA en algunos sectores y países.

Para superar estos desafíos, se necesitará una estrecha colaboración entre los desarrolladores de IA, los reguladores y los usuarios finales. Se necesitarán esfuerzos significativos para garantizar la transparencia y la equidad en el desarrollo y uso de la IA, así como para abordar las cuestiones éticas y de privacidad. La regulación también deberá evolucionar para garantizar que la IA se use de manera segura y responsable.

Otro desafío importante en el desarrollo de la inteligencia artificial es la falta de transparencia y comprensión de cómo los algoritmos toman decisiones. Los modelos de inteligencia artificial pueden ser extremadamente complejos y, a menudo, se basan en grandes conjuntos de datos para entrenarlos. Esto puede hacer que sea difícil para los desarrolladores y los usuarios finales comprender cómo se toman las decisiones y cómo se llega a una conclusión.

Además, la IA a menudo se basa en patrones y correlaciones en los datos, lo que puede llevar a la discriminación y la creación de prejuicios. Por ejemplo, si un modelo se entrena con datos que históricamente han discriminado a ciertas poblaciones, el modelo puede aprender a hacer lo mismo y perpetuar la discriminación.

Otro desafío importante es la falta de estándares y regulaciones claras en torno a la IA. Dado que la IA es una tecnología relativamente nueva, las regulaciones y estándares aún no se han desarrollado por completo y pueden variar significativamente entre países y regiones. Esto puede crear confusión y falta de transparencia para los desarrolladores, los usuarios finales y el público en general.

También existe la preocupación de que la IA pueda ser utilizada para fines malintencionados, como la vigilancia y la manipulación de la opinión pública. Es importante que los desarrolladores y los usuarios finales sean conscientes de estos riesgos y trabajen para garantizar que la IA se utilice de manera ética y responsable.

En resumen, los desafíos en el desarrollo de la inteligencia artificial incluyen la falta de transparencia y comprensión de cómo los algoritmos toman decisiones, la posibilidad de discriminación y prejuicios, la falta de estándares y regulaciones claras, y la preocupación por el uso malintencionado de la IA. Es importante abordar estos desafíos para garantizar que la IA se utilice de manera ética y responsable y que beneficie a la sociedad en general.

CAPÍTULO 19: LA INTELIGENCIA ARTIFICIAL Y EL EMPLEO

La inteligencia artificial (IA) ha estado cambiando y moldeando el mundo del trabajo en los últimos años. Si bien ha traído muchos beneficios y mejoras en la eficiencia, también ha llevado a preocupaciones sobre el futuro del empleo. Como experto en tecnología, es importante entender las formas en que la IA ha afectado el empleo y cómo puede afectar el futuro.

La IA ha estado automatizando y optimizando muchos procesos empresariales en todo el mundo, lo que ha llevado a una disminución en la necesidad de mano de obra en algunas áreas. Por ejemplo, los chatbots pueden interactuar con los clientes y responder preguntas, eliminando la necesidad de un representante de servicio al cliente. Los sistemas de automatización de procesos robóticos (RPA) pueden realizar tareas repetitivas y monótonas, liberando a los trabajadores para realizar tareas más importantes. Los algoritmos de aprendizaje automático pueden analizar grandes cantidades de datos para proporcionar información y tomar decisiones.

Sin embargo, es importante señalar que la IA no necesariamente significa la eliminación completa de trabajos. De hecho, la IA puede crear nuevos trabajos y oportunidades en áreas que aún no existen. También puede mejorar la eficiencia y la calidad del trabajo, lo que puede llevar a una mayor satisfacción del cliente y una mayor rentabilidad empresarial.

Una de las mayores preocupaciones sobre el impacto de la IA en el empleo es su capacidad para reemplazar trabajos de baja habilidad y baja remuneración. Por ejemplo, los conductores de camiones y los trabajadores de la producción en masa son dos áreas donde la IA ya ha comenzado a reemplazar trabajos. Sin embargo, la IA también puede mejorar la seguridad y la eficiencia en estas áreas.

Otro desafío en el desarrollo de la IA y su impacto en el empleo es la necesidad de nuevas habilidades y capacitación. La IA requiere expertos en datos, ingenieros de software y expertos en aprendizaje automático para construir, mantener y actualizar los sistemas. A medida que la IA continúa evolucionando, también se requerirán nuevas habilidades y conocimientos en áreas como la robótica, la inteligencia artificial conversacional y el análisis de datos. Es importante que los trabajadores actuales y futuros estén preparados y capacitados para estos nuevos roles y responsabilidades.

Aunque la inteligencia artificial puede generar una mayor eficiencia y productividad en muchos trabajos, también existe la preocupación de que la automatización y la robótica puedan reemplazar a los trabajadores humanos. Esta preocupación ha llevado a un intenso debate sobre el impacto de la inteligencia artificial en el empleo.

Es cierto que la inteligencia artificial puede automatizar ciertas tareas y procesos, lo que podría llevar a la eliminación de algunos trabajos. Por ejemplo, la automatización de tareas de fabricación en la industria ha reducido la necesidad de mano de obra humana en algunas áreas.

Sin embargo, también hay muchos ejemplos de cómo la inteligencia artificial puede mejorar y crear empleos nuevos. Por ejemplo, la inteligencia artificial se utiliza en el diagnóstico y tratamiento médico, lo que ha llevado a la creación de nuevos trabajos en el sector de la salud.

Además, la inteligencia artificial también puede mejorar la eficiencia en muchos trabajos y permitir a los trabajadores centrarse en tareas de mayor valor y creatividad. Por ejemplo, en lugar de pasar horas en la entrada de datos, los trabajadores pueden utilizar la inteligencia artificial para automatizar esas tareas y concentrarse en tareas que requieren habilidades más humanas, como la toma de decisiones, la resolución de problemas y la creatividad.

Otro factor a considerar es que la inteligencia artificial puede crear nuevas oportunidades de empleo en campos relacionados con su desarrollo y mantenimiento, como el diseño de sistemas de inteligencia artificial, la programación, el análisis de datos y la ciberseguridad.

Sin embargo, es importante destacar que la implementación de la inteligencia artificial en el lugar de trabajo también puede requerir la reeducación y la formación de los trabajadores para asegurar que estén preparados para los cambios que pueden surgir. Los trabajadores pueden necesitar adquirir nuevas habilidades y conocimientos para adaptarse a los nuevos roles y tareas que surgen con la implementación de la inteligencia artificial.

En conclusión, aunque la implementación de la inteligencia artificial puede tener un impacto en algunos trabajos, también puede crear oportunidades de empleo y mejorar la eficiencia y productividad en muchos otros. Es importante abordar los desafíos y preocupaciones que surgen con la implementación de la inteligencia artificial, pero también reconocer su potencial para mejorar y crear empleos nuevos.

CAPÍTULO 20: APLICACIONES DE LA INTELIGENCIA ARTIFICIAL EN LA AGRICULTURA

La aplicación de la inteligencia artificial en la agricultura se ha vuelto cada vez más popular en los últimos años. Los agricultores están utilizando la tecnología de la inteligencia artificial para mejorar la eficiencia, aumentar la producción de cultivos y reducir los costos. Una de las principales aplicaciones de la inteligencia artificial en la agricultura es el uso de drones y robots agrícolas. Los drones equipados con cámaras y otros sensores pueden volar sobre los campos y recopilar datos importantes sobre el crecimiento de los cultivos y la salud del suelo.

La inteligencia artificial también se utiliza para mejorar el riego y la gestión del agua en la agricultura. Los sensores de humedad del suelo, los satélites y los modelos climáticos se utilizan para predecir las condiciones climáticas y el tiempo de riego óptimo. La inteligencia artificial también puede ayudar a los agricultores a predecir la aparición de plagas y enfermedades en los cultivos, lo que les permite tomar medidas preventivas antes de que se produzca una infestación.

Además, la inteligencia artificial se está utilizando para mejorar la selección de semillas y la genética de los cultivos. La tecnología de secuenciación de ADN se está utilizando para identificar genes de resistencia a enfermedades y tolerancia al clima en los cultivos. La inteligencia artificial también se está utilizando para mejorar la eficiencia de la cosecha y la recolección. Los robots de recolección pueden identificar y recoger los cultivos maduros, lo que reduce la cantidad de mano de obra necesaria.

Otra aplicación importante de la inteligencia artificial en la agricultura es el uso de análisis de imágenes para identificar enfermedades en las plantas. Los algoritmos de aprendizaje automático se entrenan con imágenes de plantas enfermas y saludables, lo que les permite reconocer patrones y diagnosticar enfermedades con una precisión cada vez mayor. Esto puede ayudar a los agricultores a identificar rápidamente las enfermedades de los cultivos y tomar medidas para prevenir la propagación.

La inteligencia artificial también puede utilizarse para mejorar la eficiencia energética en la agricultura. Los sensores y la automatización pueden utilizarse para controlar el uso de energía en los sistemas de riego, iluminación y calefacción, lo que puede reducir los costos y mejorar la sostenibilidad.

Otro campo en el que la inteligencia artificial está teniendo un impacto significativo es en la producción de alimentos de origen animal. Los sensores pueden utilizarse para supervisar la salud y el bienestar de los animales, lo que puede reducir el riesgo de enfermedades y mejorar la calidad de los productos alimenticios. La inteligencia artificial también se está utilizando para mejorar la eficiencia de la alimentación y la producción de leche en la industria láctea.

Otro ámbito en el que la inteligencia artificial está haciendo grandes avances es en la industria de la moda. Los algoritmos de aprendizaje automático pueden utilizarse para analizar grandes cantidades de datos sobre tendencias, preferencias y comportamientos de los consumidores. Esto puede ayudar a las empresas a predecir las tendencias futuras y diseñar ropa y accesorios que se ajusten a las necesidades y deseos de los consumidores.

Además, la inteligencia artificial puede ayudar a mejorar la eficiencia en la cadena de suministro de la moda. Los sistemas de automatización y robótica pueden utilizarse para optimizar los procesos de fabricación y logística, lo que puede reducir los costos y mejorar la calidad de los productos finales. Asimismo, los sensores pueden utilizarse para supervisar la calidad y la seguridad de los productos, lo que puede mejorar la confianza del consumidor y la reputación de la marca.

Otra aplicación de la inteligencia artificial en la moda es en la personalización de productos. Los algoritmos pueden utilizarse para analizar los datos de los consumidores, como sus medidas corporales y sus preferencias de estilo, y crear productos personalizados que se ajusten perfectamente a sus necesidades. Esto puede mejorar la experiencia del consumidor y aumentar la lealtad a la marca.

En conclusión, la inteligencia artificial está teniendo un impacto significativo en la industria de la moda, desde el análisis de tendencias y el diseño de productos hasta la optimización de la cadena de suministro y la personalización de productos. Con la creciente adopción de la tecnología de la inteligencia artificial en la moda, es probable que se produzcan avances aún más emocionantes en el futuro cercano.

CAPÍTULO 21: LA INTELIGENCIA ARTIFICIAL EN LA INDUSTRIA DEL ENTRETENIMIENTO

La industria del entretenimiento ha sido una de las primeras en adoptar la tecnología de la inteligencia artificial. Los algoritmos de aprendizaje automático y la visión por computadora se han utilizado en la creación de efectos especiales para películas y series de televisión. Además, la inteligencia artificial también se ha utilizado para la producción y distribución de contenido, como la personalización de anuncios y la recomendación de contenido en función de las preferencias del usuario.

La inteligencia artificial también está cambiando la forma en que se crea y se consume la música. Los algoritmos de generación de música pueden utilizarse para crear piezas musicales a partir de patrones y estilos predefinidos. Además, la inteligencia artificial puede analizar grandes cantidades de datos de streaming y descarga de música para predecir las tendencias y los gustos de los consumidores, lo que puede ayudar a los artistas y productores a adaptar su música para llegar a una audiencia más amplia.

En la industria de los videojuegos, la inteligencia artificial se utiliza para mejorar la experiencia del usuario y aumentar la interactividad. Los algoritmos de aprendizaje automático pueden utilizarse para crear personajes de juego más inteligentes y realistas, lo que puede aumentar el desafío y la emoción del juego. Además, la inteligencia artificial también se utiliza para mejorar la eficiencia en el diseño y la producción de juegos, lo que puede reducir los costos y aumentar la calidad del producto final.

Otra aplicación emocionante de la inteligencia artificial en la industria del entretenimiento es en la creación de contenido generado por el usuario. Los algoritmos de generación de contenido pueden utilizarse para crear imágenes y vídeos personalizados a partir de datos de entrada del usuario, como fotos y videos personales. Esto puede aumentar la interacción del usuario y la lealtad a la marca.

La aplicación de la inteligencia artificial en la industria del entretenimiento ha generado un gran impacto en la manera en que las empresas de medios crean y distribuyen su contenido. Uno de los usos más destacados de la inteligencia artificial en esta industria es el análisis de datos, que permite a las empresas comprender mejor a su audiencia y crear contenido que resuene con ellos.

Con la ayuda de algoritmos de aprendizaje automático, las empresas pueden analizar grandes cantidades de datos, como patrones de visualización, comentarios de redes sociales, compras de boletos y demografía del público, para comprender los gustos y preferencias de su audiencia. Con esta información, las empresas pueden tomar decisiones más informadas sobre qué programas o películas producir y cómo promocionarlas de manera efectiva.

Otro uso de la inteligencia artificial en la industria del entretenimiento es la creación de contenido. Algunas empresas han comenzado a utilizar algoritmos de generación de texto y de imagen para crear historias y personajes para películas, programas de televisión y juegos de video. Estos algoritmos pueden analizar grandes cantidades de datos sobre el contenido existente y crear nuevas historias y personajes que sean más atractivos para la audiencia.

Además, la inteligencia artificial se ha utilizado en la postproducción de películas y programas de televisión para mejorar la calidad visual y de sonido. Los algoritmos de procesamiento de imagen y sonido pueden reducir el ruido de fondo, mejorar la calidad del color y aumentar la nitidez de las imágenes.

Por otro lado, la IA también se está utilizando en la creación de contenido. Por ejemplo, algunos estudios están utilizando redes neuronales para crear música, arte y contenido escrito. Con la capacidad de analizar grandes cantidades de datos y patrones, la IA puede generar contenido que se adapte a las preferencias del usuario y que sea personalizado de manera única.

Otra área en la que la IA está impactando en la industria del entretenimiento es en la producción de películas y televisión. La IA se está utilizando para la creación de efectos especiales y animación, lo que permite una mayor eficiencia y reducción de costos en la producción. Además, la IA también se puede utilizar para la creación de guiones y la generación de ideas para nuevos proyectos.

Finalmente, la IA también está cambiando la forma en que se distribuye el contenido en la industria del entretenimiento. Los algoritmos de recomendación de IA se están utilizando para personalizar la experiencia del usuario en las plataformas de streaming, sugiriendo contenido relevante y específico a los gustos de cada usuario. La IA también se está utilizando para analizar los patrones de visualización y las tendencias en el consumo de contenido, lo que permite a las empresas del entretenimiento tomar decisiones informadas sobre qué contenido producir y cómo distribuirlo.

En resumen, la IA está transformando la industria del entretenimiento de muchas maneras diferentes. Desde la creación de contenido hasta la producción y distribución, la IA está ayudando a las empresas a ser más eficientes, a reducir costos y a ofrecer una experiencia personalizada y única para los consumidores. Como la tecnología sigue avanzando, es probable que la IA continúe impactando en la industria del entretenimiento de maneras que aún no podemos imaginar.

CAPÍTULO 22: LA INTELIGENCIA ARTIFICIAL EN LA TOMA DE DECISIONES EMPRESARIALES

La Inteligencia Artificial ha sido un factor clave en la mejora de la toma de decisiones empresariales en las últimas décadas. La capacidad de analizar grandes cantidades de datos y obtener información valiosa en tiempo real es invaluable para cualquier empresa que busque mejorar su eficiencia y productividad.

Uno de los principales beneficios de la Inteligencia Artificial en la toma de decisiones empresariales es su capacidad para proporcionar información precisa y objetiva. Al utilizar algoritmos y modelos estadísticos, los sistemas de IA pueden analizar grandes conjuntos de datos de manera mucho más rápida y precisa que los humanos, lo que permite a las empresas tomar decisiones informadas en tiempo real.

Además, la IA también puede ayudar a las empresas a identificar tendencias y patrones ocultos en los datos que de otra manera podrían pasar desapercibidos. Esto puede ser especialmente útil en industrias como el comercio minorista, donde la identificación de patrones de compra puede ayudar a las empresas a optimizar su inventario y mejorar la experiencia del cliente.

Otro beneficio clave de la IA en la toma de decisiones empresariales es su capacidad para mejorar la eficiencia y la automatización de los procesos empresariales. Los sistemas de IA pueden automatizar tareas repetitivas y tediosas, lo que permite a los empleados dedicar su tiempo y energía a tareas más valiosas y estratégicas.

En general, la Inteligencia Artificial es un recurso invaluable para cualquier empresa que busque mejorar su eficiencia y productividad. Al permitir la toma de decisiones informadas en tiempo real, identificar tendencias y patrones ocultos en los datos, y mejorar la eficiencia y la automatización de los procesos empresariales, la IA puede ayudar a las empresas a obtener una ventaja competitiva en el mercado.

La Inteligencia Artificial está transformando la manera en que las empresas toman decisiones. Con la ayuda de algoritmos avanzados y modelos predictivos, las empresas pueden analizar grandes cantidades de datos para identificar patrones y tendencias que pueden ayudar a mejorar la toma de decisiones.

Uno de los principales beneficios de la Inteligencia Artificial en la toma de decisiones empresariales es la capacidad de analizar datos en tiempo real. Esto significa que los ejecutivos pueden tomar decisiones informadas y oportunas en lugar de depender de datos históricos que pueden no ser relevantes para la situación actual.

Otro beneficio es la capacidad de la Inteligencia Artificial para identificar patrones y tendencias en los datos que los humanos podrían pasar por alto. Esto puede ayudar a las empresas a identificar oportunidades de crecimiento y optimizar sus operaciones para maximizar la eficiencia y reducir costos.

Además, la Inteligencia Artificial puede ayudar a las empresas a minimizar los riesgos al predecir el resultado de una decisión antes de que se tome. Esto puede ser especialmente útil en la toma de decisiones financieras y de inversión, donde los errores pueden tener graves consecuencias.

Para finalizar, la Inteligencia Artificial está revolucionando la toma de decisiones empresariales al permitir que las empresas analicen grandes cantidades de datos de manera más eficiente y precisa. Al aprovechar estas tecnologías, las empresas pueden mejorar la eficiencia, reducir costos y tomar decisiones informadas y oportunas para impulsar el crecimiento y el éxito.

CONCLUSIÓN Y REFLEXIONES SOBRE LA INTELIGENCIA ARTIFICIAL

La inteligencia artificial es una de las tecnologías más disruptivas y emocionantes de nuestra era. Desde la automatización de tareas repetitivas hasta la predicción de enfermedades, la IA está transformando la forma en que vivimos, trabajamos y nos relacionamos.

Sin embargo, también enfrentamos importantes desafíos éticos, legales y sociales al avanzar en esta tecnología. La privacidad y seguridad de los datos, la equidad y la transparencia en el uso de la IA y la responsabilidad por decisiones automatizadas son solo algunos de los problemas que debemos abordar.

Además, debemos considerar cómo la IA afectará a nuestro trabajo y a nuestras economías. Es posible que se necesiten nuevas formas de educación y capacitación para adaptarnos a las demandas del mercado laboral cambiante.

Pero a pesar de estos desafíos, creo que el futuro de la inteligencia artificial es brillante. La tecnología seguirá mejorando la forma en que vivimos y trabajamos, y los avances en IA pueden conducir a grandes beneficios sociales, como la atención médica personalizada, la energía más limpia y la lucha contra el cambio climático.

Sin embargo, debemos avanzar con cuidado y asegurarnos de que los avances en la IA se utilicen para el bien común. Debemos trabajar juntos como una sociedad para garantizar que la IA se utilice de manera justa, equitativa y responsable.

En última instancia, la inteligencia artificial no es una amenaza para la humanidad, sino una herramienta que puede ayudarnos a alcanzar nuestros objetivos y mejorar nuestro mundo. Si la usamos sabiamente, la IA puede ser una fuerza transformadora para el bien.

ACERCA DEL AUTOR

Soy un apasionado de la tecnología y la ciencia, especialmente de la inteligencia artificial.

Durante mi carrera, he tenido la oportunidad de trabajar con algunas de las mentes más brillantes del mundo de la inteligencia artificial y he sido testigo de primera mano de cómo esta tecnología está transformando el mundo.

Mi objetivo con este libro es compartir mis conocimientos y experiencias sobre la IA y ofrecer una visión actualizada y perspectivas interesantes sobre su futuro. He trabajado duro para crear un libro que sea accesible para todos, sin sacrificar el rigor científico.

Agradezco a todos aquellos que han contribuido a la realización de este libro, desde mi familia y amigos hasta los expertos en inteligencia artificial que he entrevistado y los editores que han trabajado en el libro.

Espero que este libro sea útil para aquellos interesados en la inteligencia artificial y su impacto en el mundo.